SOCIAL MEDIA

ソーシャル
メディア論・
改訂版

つながりを再設計する

藤代裕之 編著

青弓社

ソーシャルメディア論・改訂版
つながりを再設計する

目次

はじめに ── すべてがつながっていく　藤代裕之……11

第1部

歴史を知る

第1章
歴史……16
ソーシャルメディア社会の誕生
[藤代裕之]

1 | ソーシャルメディアの歴史……16
2 | つながりと分断……19
3 | 報道とソーシャルメディア……20
4 | ミドルメディアによる
　　マスメディアとの接合……26
5 | 公と私が入り交じる空間……28

第2章
技術……33
技術的に可能な
オープンプライバシー社会と
その功罪
[木村昭悟]

1 | 技術的に可能な
　　「オープンプライバシー社会」……33
2 |「つなげる」技術の仕組みと現状……35
3 | いまそこにある
　　オープンプライバシー問題……41
4 |「つなげる」技術がもたらす
　　恩恵とのバランス……43

第3章

法……48

ソーシャルメディア時代の制度はどうあるべきか

[一戸信哉]

1 | ネット上の権利侵害の広がりと表現の自由……48
2 | インターネット関連法の発展……50
3 |「媒介者」の責任
　　──プロバイダ責任制限法……53
4 |「素人」である一般ユーザーによる発言の責任……56
5 | プライバシーとソーシャルメディア……58

第2部

現在を知る

第4章

ニュース……66

ソーシャル時代で改めて問われるニュースの「質」

[三日月儀雄]

1 | 日本のインターネットにおけるニュースの担い手……66
2 | ニュースを取り巻く3つの「変容」……68
3 | 不正確な情報流通と人々の分断……71
4 |「悪貨」が「良貨」を駆逐する……73
5 | フェイクニュースとプラットフォームの責任……76

第5章

広告……81
「ルール間の摩擦」が生む問題
[山口 浩]

1 | ネットが広告ビジネスを変えた……81
2 | 口コミの広告化……85
3 | 広告とコンテンツの境界の融解……87
4 | ルール間の摩擦……88
5 | 広告主の役割……91

第6章

政治……97
すれ違う政治と有権者、
理想なきインターネット選挙の解禁
[西田亮介]

1 | 理念なきネット選挙の解禁……97
2 | 政治とメディア「慣れ親しみ」の
　　終焉……101
3 | 高まるビジネスの影響力……103
4 | 高度化するプロパガンダ……105
5 | ソーシャルメディアと政治の未来……107

第7章

キャンペーン……113
ソーシャルメディア社会の
透明な動員
[工藤郁子]

1 ｜ 個人を動かすキャンペーン……113
2 ｜ 社会を動かすキャンペーン……115
3 ｜ 個人が動かすキャンペーン……116
4 ｜ 個人が動かされるキャンペーン……119
5 ｜ 社会が動かされるキャンペーン……121
6 ｜ 解決・提案に向けて……123

第8章

都市……127

都市の自由を私たちが維持するために

[小笠原 伸]

1 ｜ なぜ、大企業は都市に「隙間」を作るのか……127
2 ｜ 自由な交流が都市を作る……128
3 ｜ 高度化する都市の閉塞感……130
4 ｜ サードプレイスという新たなつながり……133
5 ｜ つながりすぎることの危険性……135

第9章

コンテンツ……141

コンテンツの拡張と対抗

[松本 淳]

1 ｜ クラウドファンディングが支えたコンテンツ制作……141
2 ｜ 無視・対立から協調へ……145
3 ｜ ソーシャルメディアが変えるコンテンツビジネス……147
4 ｜ ユーザーと権利者との関係……150

第10章

モノ......156

「あらゆるモノがつながる社会」の
メリットとデメリット

[小林啓倫]

1 | ネットにつながるモノの急増......156
2 | IoTの歴史......158
3 | つながるモノが生み出す価値......160
4 | 「あらゆるモノがつながる」
　　社会の姿......163
5 | ディストピアを回避するために......167

第3部

未来を考える

第11章

地域......172

都市と地方をつなぎ直す

[田中輝美]

1 | 東日本大震災が変えたつながり......172
2 | つながり続ける仕組み......174
3 | 「上下」から「水平」のつながりへ......176
4 | 「関係人口」と「風の人」......179
5 | 新たな競争......181

第12章

共同規制......187

ルールは誰が作るのか

[生貝直人]

1 | 情報社会のルール形成主体……187
2 | 事業者に対する規制……190
3 | 媒介者を通じた個人の規制……193
4 | 国際的なルール形成の可能性……195
5 | 自由と安全の両立のために……196

第13章
システム……199
システムで新たなつながりを作る
[五十嵐悠紀]

1 | つながりすぎた
　　ソーシャルメディア社会……199
2 | つながらない設計による解決……203
3 | ノイズが交ざる設計による解決……204
4 | フィルターバブルによる
　　セレンディピティーの減少……205
5 | 人や機械による編集の課題……207
6 | 情報リテラシー教育の必要性……209

第14章
教育……215
「発信者」としての大学生は
どうあるべきか
[一戸信哉]

1 | 大学生と「炎上」……215
2 | 「キャンパス」という聖域は崩れた……217
3 | 複数アカウントで
　　「キャラ」を使い分ける……218
4 | 就職活動とソーシャルメディア……219

5 ｜ トラブル対策と
　　　ソーシャルメディアガイドライン……221
6 ｜「学生発」ウェブメディアの可能性……224

第15章

人……231
「別の顔」を制度化する
［山口 浩］

1 ｜「つながり」のリスクとジレンマ……231
2 ｜「分人」による有限責任制……234
3 ｜ 分人制度の実装……238
4 ｜ 事業者の責任……240
5 ｜ 分人制度が目指すもの……242

あとがき　　一戸信哉……245

デザイン── 和田悠里［スタジオ・ポット］

はじめに
――すべてがつながっていく

藤代裕之

　かつてインターネットは、現実と切り離された「バーチャル(仮想)空間」と呼ばれていました。しかしソーシャルメディアが登場して、情報だけでなく、人、物、場所などを互いに結び付けたことで、インターネットと現実の境界が失われました。現実とネットが重なり合う、すべてがつながる「ソーシャルメディア社会」の到来は、私たちの生活に大きな影響を与え、つながりすぎによる問題も浮かび上がってきました。
　本書は、ソーシャルメディアの歴史や技術、課題を学ぶことで、一人ひとりがメディアへの関わり方を考え、人や社会とのつながりを再設計して、新たなメディア環境を生きていくための力――メディア・リテラシー――を身につけてもらうことを目的にしています。

最高の状態では、見識ある読者に向けた、より深く、より幅広い、世界になるが、最悪の場合は、偽りに満ちた、狭く、浅く扇情的な内容になる。だが、それは私たちが選んだものである……

　これは、2004年に公開された、メディアの未来を予測した動画「EPIC2014 (1)」に出てくる一節です。アメリカを代表する新聞である「ニューヨーク・タイムズ」が、「Amazon」と

「Google」が合併して生まれる巨大インターネット企業に敗北し、高齢者向けのオフラインになるという動画の結末は、当時のマスメディア関係者に大きな衝撃を与えました。この動画は、人々が情報を発信し、社会に影響を与える「ソーシャルメディア社会」の予言でもありました。

　ソーシャルメディアの登場は、人と情報のつながり方を変えました。誰もが情報発信できるようになり、マスメディアが扱うニュースだけでなく、多様なニュースや考え方にふれることができるようになりました。人々は情報の受信者だけでなく、発信者となり、ジャーナリストとなり、クリエイターとなったのです。ソーシャルメディアは、表現の自由や少数意見を支える基盤として期待されました。

　情報の流れが変わることで、人と社会のつながり方も変わりました。東日本大震災では、ソーシャルメディアを通して被災地に対するボランティア活動や物資支援がおこなわれました。社会課題を解決するために支援を募るクラウドファンディングも普及し、ソーシャルメディアは社会を変えるためのツールになったのです。地方に暮らしていても世界と直接つながるようになり、関係人口や多拠点居住者といった新たな暮らし方が出現しました。

　人々が発信するデータは蓄積され、つながりは巨大なビジネスの源泉になりました。ソーシャルメディアへの書き込みだけでなく、オンラインショッピングサイトでの購入履歴、音楽や動画などの視聴データ、GPSやICカードに記録される位置情報、乗車履歴、などのデータを企業は収集し、ビジネスに利用しています。ビッグデータ解析、AI（人工知能）といった新たな技術は人々の生活を便利にしています。

　しかし、ソーシャルメディアによるつながりは社会的な課題も生んでいます。ソーシャルメディア上には不確実な情報やヘイトスピーチがあふれ、テロ集団の宣伝にも利用されています。ジョ

ージ・オーウェルは『1984年 (2)』で当局に監視される社会を描きましたが、「ソーシャルメディア社会」は人々の相互監視により、望まないかたちでプライバシーが公開されてしまう「オープンプライバシー社会」を生み、つながりから逃げることが困難になっています。

　社会学者の北田暁大は、インターネットや携帯電話の登場が生み出した常時接続のコミュニケーションから生まれる「つながりの社会性」によって、送り手と受け手や公／私の区分が失われると指摘しています (3)。ソーシャルメディアによって人々の私的なコミュニケーションが社会に接続されてしまったことで、問題が起きるようになりました。

　データ分析の技術が進み、誰とつながっているのか、どのような思想をもっているのかをコンピューターが判断できるようになり、その仕組みは、同じような情報に包まれるフィルターバブルに人々を陥れ、フェイクニュースによる世論操作に使われるようになりました。フェイクニュースは、アメリカ大統領選やイギリスのEU離脱に影響を与え、つながりによって、社会が分断し、民主主義が揺らいでいることが明らかになったのです。

　このように、ソーシャルメディアは社会のさまざまな分野に影響を与えていますが、学校や企業でのリテラシー教育は不十分なままで、課題解決の取り組みは多くの企業の関心外にあります。ソーシャルメディアを使いこなし、自由で民主的な社会を構築するためにはどうすればいいのか。本書は、情報ネットワーク法学会の研究会「ソーシャルメディア社会における情報流通と制度設計」の2年間に及ぶ討議をまとめたものです。

　第1部「歴史を知る」はソーシャルメディアを理解して基本を知るための情報を、第2部「現在を知る」はソーシャルメディアが影響を与えている各分野の変化を、第3部「未来を考える」はつながりを再設計するためのアイデアを提示しています。状況の

変化に合わせて2018年に改訂作業をおこないましたが、つながりを再設計するという基本的な枠組みは維持しています。

「EPIC2014」の一節が提示する2つの未来のうちどちらを選ぶのか。政府や企業といった誰かにソーシャルメディア社会のあるべき姿を求めるのではなく、発信する当事者として、私たち一人ひとりが考え、行動することで、よりよい未来の社会が作られていくことを願っています。

注

(1) 架空のメディア史博物館が2014年までのメディアの発展を振り返るという内容。「EPIC2014」(http://www.robinsloan.com/epic/) で見ることができる。長野弘子・三好伸哉・高広伯彦が邦訳した日本語字幕版も公開されている。

(2) イギリスの作家ジョージ・オーウェルによる『1984年 新訳版』(高橋和久訳〔ハヤカワ epi 文庫〕、早川書房、2009年) など。ビッグ・ブラザーが支配する近未来を描き、監視社会や全体主義を警告したものとして、大きな影響を与えた。

(3) 『広告都市・東京――その誕生と死』(〔廣済堂ライブラリー〕、廣済堂出版、2002年) で北田暁大は、情報社会の進展によって秩序の社会性に隠蔽されていたつながりの社会性が表面化することで、人々には見られていないかもしれないという不安が広がり、つながりの確認作業に熱中、マスメディアを範型とした公／私、社会的／非社会的区分が失われるとした。ソーシャルメディアが生む、つながりすぎの影響についてはダナ・ボイド『つながりっぱなしの日常を生きる――ソーシャルメディアが若者にもたらしたもの』(野中モモ訳、草思社、2014年) やシェリー・タークル『つながっているのに孤独――人生を豊かにするはずのインターネットの正体』(渡会圭子訳、ダイヤモンド社、2018年) を参照。

第1部
歴史を知る

第1章

歴史
ソーシャルメディア社会の誕生

藤代裕之

> **概要**
>
> いまや誰もが気軽なコミュニケーション手段として利用しているソーシャルメディアはどのように生まれてきたのだろうか。当初はリアルと切り離されたバーチャルな空間としてとらえられたインターネットは、2000年代に入って急速に発達したソーシャルメディアによってリアルと接続され、ミドルメディアの登場によってマスメディアともつながった。だが、情報発信する人々は公共性へのつながりを意識しないまま政治やビジネスの世界に巻き込まれ、情報を整理してきた報道機関も機能を失いつつある。

1 | ソーシャルメディアの歴史

　2000年代に入って急速に発達したソーシャルメディアだが、突如としてインターネットに登場したわけではない。パソコン通信があり、インターネットが商用化されてからはメールやメーリ

ングリスト、ウェブサイト、掲示板も存在していた。

　だが、パソコン通信は会員に限られたクローズドな空間であり、インターネットが登場してもしばらくは研究者や技術者による非営利での利用が中心だった。インターネットの世帯利用率は1996年には3.3パーセントでしかなく、10パーセントを超えるのは98年になってからである。その後は、2001年に60.5パーセント、02年に81.4パーセントになる。本格的なインターネット利用は00年代に入ってからといえる(1)。

　コンピューター上の空間はサイバースペースと呼ばれた。1996年、アメリカ議会でインターネット上のわいせつ情報を規制する通信品位法が可決されると、詩人で活動家のジョン・バーロウは「サイバースペース独立宣言」を発表して法案成立に抗議して、サイバースペースは肉体から切り離された精神世界で、国家や国境から独立した存在と位置づけた。宣言は、インターネット黎明期の自由でユートピア的な世界観を色濃く反映している。

　インターネットは実社会から切り離された空間としてとらえられていた。

　ブログは1999年にアメリカでサービスが始まった。2003年から04年頃に日本国内で広がり始め、芸能人やスポーツ選手、研究者や政治家まで幅広く利用するようになる。ブログ以前にも、ウェブサイトや掲示板は存在したが、掲示板は発言主体が明確ではなかった。実名であれ匿名であれ、発信主体が明確になったことがブログの特徴である。

　ブログの登録者数は、国内で2005年に335万人、06年に868万人、08年に1,690万人へと急増している(2)。ブログの普及は、「Google」などの検索エンジンの普及と表裏一体だった。ブログではタイトルや本文といった記述が構造化されたことから、検索エンジンに表示されやすかったからだ。

　普及のもう一つの要因はビジネス面にある。「Google」のアド

ワーズ・アドセンスと呼ばれるキーワード広告と、「Amazon」のアフィリエイトによって、ブログの書き手が収入を得られるようになった。ブログ記事をリンクするトラックバックという機能によってブログ同士がつながり、検索エンジンは人の関心とブログの記事を結び付けた。

　ブログの次はSNS（ソーシャル・ネットワーキング・サービス）が普及していく。アメリカでは、2002年にSNSの「Friendster」が、03年に「Myspace」が生まれ、国内では04年に「mixi」「GREE」が開設され、利用者数を伸ばしていく。SNSには招待や会員制度の仕組みがあるためブログに比べて安心感があるとされた。SNSには「友達になる」などの人と人のつながりを可視化する機能がある。「mixi」では友達だけでなく、コミュニティー機能を利用して興味・関心や出身地方、学校別に交流できた(3)。国内SNSは「Facebook」や「Twitter」の普及によって次第に弱体化してゲームサイトに変化していくが、SNSは人と人——ソーシャルグラフ——、興味・関心——インタレストグラフ——という2つのつながりをもたらした。

　2005年に動画サイトの「YouTube」が誕生する。国内では、「ニコニコ動画」が06年末に実験サービスとして開始されたが、当初は「YouTube」などほかの動画サイトにアップロードされた動画を引用して、動画上にコメントを投稿するサービスだった。しかし、07年に「YouTube」へのアクセスが遮断され利用不可能になった。その後、「ニコニコ動画」では人々の創作活動がおこなわれ、独自の文化を形づくっていく（第9章「コンテンツ」を参照）。

　また、2007年に生中継が可能なサービス「Ustream」が誕生し、動画サービスは生中継が可能なリアルタイムサービスになっていく。

　2011年、メッセンジャーサービスの「LINE」が誕生する。東

日本大震災で電話やメールでの連絡が困難になったことがきっかけとなり開発が加速、メッセンジャーアプリとして身近なコミュニケーションを担い、人のつながりは直接的、かつリアルタイムなものになっていく。

ソーシャルメディア発展の要因として、常時インターネットに接続できるブロードバンド接続の整備と、2007年のiPhone発売がある。iPhoneのような従来の携帯電話に比べて大きな画面と高性能のカメラ、高い情報処理能力をもつ端末はスマートフォンと呼ばれるようになり、いつでも、どこでも、ソーシャルメディアを閲覧し、投稿できるようになった(4)。

2 │ つながりと分断

ソーシャルメディアは、発信主体を明確にし、人と人、興味・関心というリアルなつながりをインターネットに持ち込んだ。その一方で、新たな分断も生み出した。マスメディアは不特定多数に情報を伝えた(5)が、ソーシャルメディアは人を介して情報を伝えるために偏りが出る。

総務省によるソーシャルメディアの利用率調査をみると、主なソーシャルメディアの利用率は2016年に全体で71.2パーセントと過半数を超えた。もっとも利用者が多いのは「LINE」で、20代で96.3パーセント、10代で79.3パーセントにのぼる。一方、12年には20代で48.8パーセントで「LINE」に次ぐ2番目の利用率だった「mixi」は13.4パーセントに低下した。ソーシャルメディアの利用率は20代がおおむね高いが、「Twitter」は10代が多く、「Facebook」は30代も多く利用している(6)。

このようにソーシャルメディアは次々と生まれては次々と消え、利用層も異なっている。にもかかわらず、利用者は自分が見てい

る情報を誰もが見ているという感覚に陥りがちだ。自らに都合がいい情報に囲まれる状況はフィルターバブルと呼ばれ、極端な意見を信じる人々を生んでいく（第2章「技術」や第13章「システム」を参照）。

　個別サービスがどのように変化するのかを予測するのは難しいが、巨大な資本による競争とグローバル化が進んでいくなかで、さまざまなメディアが影響しあう環境が生まれた。新聞やテレビ、ラジオ、ネットなど多様なメディアが積み重なったその状況を、遠藤薫は「間メディア社会(7)」と呼んだ。実社会から切り離された存在と考えられたインターネットは、普及するにつれて多様なつながりへと変化していった。

3 ｜ 報道とソーシャルメディア

　メディアは事件や事故、戦争や選挙といった大きなニュースと関係しながら発達してきた。ソーシャルメディアも例外ではない。
　2003年に出版された青木日照と湯川鶴章による『ネットは新聞を殺すのか(8)』は、01年9月11日のアメリカ同時多発テロでの草の根ジャーナリズムの可能性を論じるなかでブログを紹介し、インターネット上の個人ウェブサイトによる市民ジャーナリズムが、「ニューヨーク・タイムズ」のような大手新聞社よりも大きな影響力をもつようになる、と予測した。
　だが、当時は肝心の利用者側がジャーナリズムとの関わりに懐疑的だった。ブログを書く動機としては、自分の記憶や知識を整理する、同じ関心がある人と知り合うといったことが多い。ブログの想定読者は自分自身が47パーセント、同じ関心や趣味をもつ不特定のネットユーザーが33パーセント、家族や実生活上の友人が24パーセント、広く社会一般は21パーセントにとどまっ

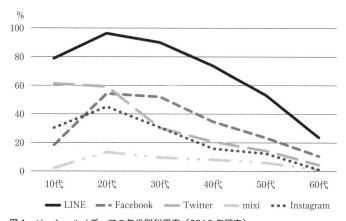

図1 ソーシャルメディアの年代別利用率（2016年調査）
（出典：総務省情報通信政策研究所「情報通信メディアの利用時間と情報行動に関する調査」から筆者作成）

ていた(9)。

　ソーシャルメディアは個人間のコミュニケーションとして利用され、自らの情報発信がジャーナリズムのような公共性をもつ活動とつながるという自覚は乏しかった。

　やがてアメリカでは、2004年のアメリカ大統領選挙で民主党のハワード・ディーン候補がブログを活用。05年には、ブログを活用したニュースサイト「ハフィントン・ポスト」が登場し、政治家やセレブが記事を寄稿した。ホワイトハウスもブロガーに記者証を発行し、ブログのジャーナリズム性がクローズアップされた。08年のアメリカ大統領選挙では、民主党のバラク・オバマ候補がソーシャルメディアを活用。政治ブロガーの記事が選挙や政策に直接影響を与えるようになっていく。ソーシャルメディアは政治や政策のキャンペーン利用のツールとしても注目されていく（第7章「キャンペーン」を参照）。

　日本では当初、ブログはマスメディアへの対抗的な言論ではな

歴史　21

表1 ソーシャルメディアの歴史

年	海外	国内	出来事
1995年	Yahoo!		ウィンドウズ95発売
1996年	ドラッジ・レポート	Yahoo!JAPAN	
1997年			
1998年	Google		
1999年	Blogger	2ちゃんねる（掲示板）	iモード開始
2000年			加藤の乱
2001年			アメリカ同時多発テロ事件
2002年	フレンドスター（SNS）		韓国大統領選挙
2003年	マイスペース（SNS）	はてなダイアリー（ブログ）、ライブドアブログ（ブログ）	
2004年	Facebook（SNS）	mixi（SNS）、グリー（SNS）	アメリカ大統領選挙
2005年	YouTube、ハフィントン・ポスト		郵政解散
2006年	Twitter（SNS）	モバゲータウン、ニコニコ動画 Yahoo!みんなの政治 オーマイニュース日本版	ライブドア事件
2007年	Ustream		iPhone発売（日本は2008年）
2008年			アメリカ大統領選挙（オバマ）、秋葉原無差別殺傷事件
2009年		BLOGOS、NAVERまとめ	政権交代、事業仕分け生中継
2010年			尖閣諸島映像流出
			ウィキリークス
2011年		LINE	東日本大震災
2012年		Yahoo!個人、グノシー、スマートニュース	朝日新聞社が記者個人のTwitter開始
2013年			ネット選挙解禁
2014年			

く、日々の感想、食べ歩き、書評といった生活をつづる日記として位置づけられた。ブログは広報やプロモーションの手段としてとらえられ、有力なブログに商品やサービスを取り上げてもらう口コミマーケティングがビジネスになり、新製品発表会や記者会見にブロガーを招待する企業が現れるようになった（第5章「広告」を参照）。

　増え続ける人々の書き込みは、ニュースにも影響を与え始めていく。人々の情報発信に注目したのは、マスメディアではなく政治だった。転機は2001年の小泉政権誕生である。小泉純一郎はテレビを活用した「劇場型政治」や「ワンフレーズポリティクス」を展開、従来の自民党支持層とは異なる都市部無党派層や政治に関心がない層からも幅広い支持を集めたが、同時にインターネットにも注目して積極的に活用した。登録者が200万人に達した小泉内閣のメールマガジンの編集長は安倍晋三官房副長官が務めた。

　2005年の郵政解散時には、武部勤幹事長と世耕弘成広報本部長代理らがブロガーやメールマガジン発行者を招待して、「メルマガ・ブログ作者と党幹部との懇談会」を開催した。世耕は自らも執筆していた05年8月26日付のブログに「非常に実りある懇談であった(10)」と記した。

　2009年の衆議院選挙で民主党が政権交代を実現した。外務大臣となった岡田克也が記者クラブを開放。これまで認められてきた既存メディア以外に、雑誌、外国人特派員、そしてインターネットメディアの参加が認められた。さらに、鳩山由紀夫首相は10年に「Twitter」とブログ「鳩カフェ」を開設。小沢一郎は、動画サイト「ニコニコ動画」の番組に出演してマスコミ批判を展開、「「ニコニコ動画」は全部オープンで、僕も反論できる」と理由を述べた。小沢は政治資金問題でマスメディアから批判されていたが、動画サイトを通じてマスメディアを批判する姿は、退陣

する際に「偏向的な新聞は大嫌い。国民のみなさんに直接話したい」とテレビに向かって語った佐藤栄作元首相の姿をほうふつとさせた。政治側は、マスメディアを通さずソーシャルメディアを通じて有権者と直接つながろうとした。

　人々の日々の記録ツールとして生まれ、私的なコミュニケーションに利用されてきたソーシャルメディアは政治やビジネスに組み込まれていった。2013年に公職選挙法が改正されてネット選挙運動が解禁された。当初期待された双方向のコミュニケーションよりも、テレビや街頭演説に対する「Twitter」やブログの書き込みを分析するソーシャルリスニングが多くおこなわれた。有権者が知らないところで高度なソーシャルメディア利用が進んでいる（第6章「政治」を参照）。

　ソーシャルメディアに対する既存マスメディアの態度も徐々に変化していく。

　2008年6月に起きた秋葉原無差別殺傷事件は、犯人が携帯サイトの電子掲示板で犯行予告をおこない、秋葉原という電脳街で発生しただけに、事件に遭遇した多くの人々がネット上に写真や文章を公開した。事件を現場から生中継して批判されたブロガーも出現するほどだった。人を助けるべきか、情報を発信すべきか、という批判が個人に向けられた。情報発信する人々とジャーナリズムの倫理がぶつかったのだが、この時点ではマスメディアは人々が発信するニュースの扱いに慎重だった。

　警察官に取り押さえられる容疑者を通行人が撮影した決定的瞬間の写真を新聞各紙が掲載したが、携帯電話の赤外線通信機能を通して現場で広がったため撮影者が不明だった。「朝日新聞」は夕刊1面2段の小さな扱いで、通信社配信の写真を掲載した。撮影者を確認してから紙面に掲載するのは、著作権の問題だけでなく、情報の信憑性の確認という点からも重要な手続きではあった。

　2010年11月には動画共有サイト「YouTube」に尖閣諸島沖で

の巡視船と中国漁船の衝突ビデオ映像が流出した。既存マスメディア各社が「YouTube」の動画を紙面や映像にそのまま使ったが、投稿者が誰なのかは当初はわからなかった。動画の信憑性やアップロードの経緯は不正確だったものの、番組や紙面で扱わざるをえない状況になったのである。

　この動画は、ネットサイトの「GIGAZINE」が11月5日午前0時37分にいち早く報じた。新聞各社のウェブサイトに記事がアップロードされたのは、1時20分から30分頃だった。どのメディアよりも早く報じるのがスクープだとすれば、尖閣ビデオ映像は「GIGAZINE」のスクープといっていい。

　2011年1月に起きたロシアの空港爆発では、現場にいた日本人が「Twitter」で情報を発信。共同通信社や「朝日新聞」「産経新聞」の記者が「Twitter」で取材に応じるよう呼びかけた。火災や竜巻といった自然災害があると、「Twitter」上で新聞記者が写真の提供を呼びかける光景は、もはや珍しくない。取材活動をおこなうためにソーシャルメディアを日頃から利用する必要に迫られてきている。

　2011年3月に起きた東日本大震災では、人々が津波や地震の様子を記録して発信することがはっきりとした。帰宅難民になった首都圏の人々は、「Twitter」の情報を頼りに受け入れ施設を探した。マスメディアも情報を届けようとソーシャルメディアを利用した(11)。

　ジャーナリズムと無関係とみられたソーシャルメディアは、社会的影響が大きくなるにつれて政治やビジネスと接近した。また、カメラ付きスマートフォンを人々が持ち歩くようになり、事件や事故、自然災害が起これば、現場にいる人々によってソーシャルメディア上でその様子が速報され、テレビは視聴者が投稿した写真や映像を追いかけるようになった。マスメディアはソーシャルメディアを無視できなくなり、情報発信する人々は知らず知らず

のうちにジャーナリズム活動を担い始めていたのである。

4 | ミドルメディアによるマスメディアとの接合

　ソーシャルメディアによって膨大な情報が発信されるようになると、ソーシャルメディアの書き込みや出来事を情報源とするニュースサイトが現れる。このような、人々の情報発信とマスメディアをつなぐミドルメディアの登場が、情報の流れを根本的に変えた (12)。

　ミドルメディアの最大の特徴は、情報の逆流にある。従来は情報はマスメディアから人々に伝わる一方向のものだった。だが、ミドルメディアの登場によって人々が発信した情報がマスメディアへと影響を及ぼすようになった。

　ポータルサイトの方針転換も、ミドルメディアの急増を後押しした。ポータルサイトとは、検索やショッピング、地図、ニュースなど多彩なサービスをそろえたインターネットユーザーの入り口になるサイトである。1996年には、いまや最大手となった「Yahoo!」や「インフォシーク」がサービスを開始、NTT系の「goo」は97年に、ライブドアは2003年にポータルサイト事業に進出した。

　インターネット上のマスメディアともいえるポータルサイトのニュース配信元の多くは新聞社や通信社といった既存マスメディアだったが、2005年頃から配信元にブログやニュースサイトが加わるようになっていく。その引き金になったのは、ライブドアによるニッポン放送買収問題である。

　ライブドアは、社長の堀江貴文が自らブログを執筆するなどブログサービスを推進していた。2005年にフジサンケイグループの中核会社だったニッポン放送の買収によってインターネットと

テレビの融合を目指したが、既存マスメディアは大きく反発。ライブドアの買収は失敗に終わった。06年にライブドアが強制捜査を受け、堀江が逮捕されたことで、共同通信社や「産経新聞」はライブドアに対しておこなっていた記事配信をストップ、ニュースサービスの提供が危機に陥った。

そこで、ライブドアはブロガーの記事を紹介し始めた。記事は、既存マスメディアの配信記事と同じニュースコーナーに表示され、個人が発信した情報と既存マスメディアの記事が、ニュースとして並列して扱われる状況が生まれた。その後、ライブドアと既存マスメディアの関係は修復されていくものの、個人の情報の価値は増していく一方だった。

「Yahoo!」のニュース部門も、2007年頃から既存マスメディア以外の記事の扱いを拡大していく。「Yahoo!」は、既存マスメディアとの関係を維持しながらニュースサイトや個人の情報を徐々に増やしていった。12年に個人が「Yahoo!」に直接記事を掲載できる「Yahoo! ニュース個人」を開設。ライブドアと同様に、既存マスメディアやニュースサイトの記事と個人の情報発信を同じようにニュースとして扱うようになった。

このように、ライブドア事件を契機に、既存マスメディアがポータルサイトへの記事配信に絞り込んだことで、個人が発信した情報はミドルメディアによってまとめられ、ポータルサイトに記事として配信され、多くの人に届くというニュースの流れが作られた。扱うニュースのジャンルや地域、また運営主体も多様化し、記事は既存マスメディアと同じニュースとして扱われるようになった。マス・ミドル・パーソナルと3層化したメディアは相互に影響を及ぼしながら、話題を拡散していく「ニュースの循環」を生み出している（第4章「ニュース」を参照）。

5 │ 公と私が入り交じる空間

　実社会から独立した存在として見られていたインターネットでは、ソーシャルメディアの登場によって人と人、興味・関心などのつながりが可視化され、ミドルメディアによって人々のパーソナルな情報がマスメディアに取り込まれる構造が生まれた。

　それは公的な情報空間を担ってきたマスメディアの社会的な役割をマスメディア自身が放棄しつつある状況ともいえる。ミドルメディアの特徴であるパーソナルからマスへの情報の逆流は、人々の私的な意見や関係性を公的空間に表出させることにつながった。マスメディアが担ってきた情報の門番という役割・機能は失われ、上からの秩序的な情報の流通は崩壊した。そして私と公が入り交じる不透明な言論空間が出現したことによって、プライバシーが暴かれ、人々の自由な活動に影響を与えるなど、社会的な問題が起き始めている（第8章「都市」を参照）。

　ニュースの循環が加速すると、誤った情報が飛び交うことになる。断片的な情報でも瞬時に広がり、それがたとえ事実でなくても既成事実になってネット上に残ってしまう恐れがある。テレビや新聞と異なり、ソーシャルメディアでは多様な情報源が入り交じるだけに、情報をチェックする報道機関の役割は大きいはずだが、リアルタイムの競争がむしろ加速している。

　2012年には、「スマートニュース」「グノシー」といった人ではなく技術によってニュースを選択するキュレーションメディアが登場し、パソコン時代に圧倒的なシェアを占めていた「Yahoo!」の独占が崩れ、スマートフォンのニュースは競争状態になった。キュレーションメディアは、既存メディアだけでなくネット上のコンテンツを記事として取り入れた。マスメディアや「Yahoo!」の編集者が担ってきた情報の門番という機能はここで

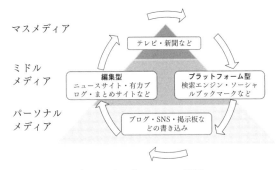

図2 3層構造化したメディアが生む「ニュースの循環」

も失われ、技術が人に取って代わろうとしている。

　技術の進歩は発信者を人からモノへと拡張しようとしている。インターネットにつながったモノはIoT（Internet of Things）と呼ばれ、ソーシャルメディアにつながるのは人だけではなくなって、私たちがふれる情報はますます多様化している（第10章「モノ」を参照）。

> **考えてみよう**
> ❶なぜ、インターネットは実社会から切り離された空間としてとらえられていたのだろうか。
> ❷ソーシャルメディアによって人が得る情報経路はどのように変化したのだろうか。
> ❸ソーシャルメディアがジャーナリズム活動に関わっていると考えられる事例をあげてみよう。

> 注

(1) 総務省の「情報通信統計データベース」(http://www.soumu.go.jp/johotsusintokei/)はインターネット普及率やパソコン・携帯端末の利用状況など幅広いデータを網羅している。
(2) 総務省情報通信政策研究所は、2008年に「ブログの実態に関する調査研究の結果――国内ブログの総数は約1,690万（2008年1月現在）。活潑な情報発信が続く」(http://www.soumu.go.jp/iicp/chousakenkyu/data/research/survey/telecom/2008/2008-1-02-2.pdf)、09年に「ブログ・SNSの経済効果に関する調査研究報告書」(http://www.soumu.go.jp/iicp/chousakenkyu/data/research/survey/telecom/2009/2009-I-13.pdf)を公開している。
(3) 「mixi」でのつながりについては、根来龍之監修『mixiと第二世代ネット革命――無料モデルの新潮流』（早稲田大学IT戦略研究所編、東洋経済新報社、2006年）が分析している。
(4) 携帯電話がメディア環境にもたらす影響については、土橋臣吾「移動するモノ、設計される経験――ケータイの可動性と可変性をめぐって」（日本マス・コミュニケーション学会編「マス・コミュニケーション研究」第87号、日本マス・コミュニケーション学会、2015年）が参考になる。
(5) マスメディアが何をつなげたのか理解するには、ベネディクト・アンダーソン『想像の共同体――ナショナリズムの起源と流行』（白石隆／白石さや訳〔「社会科学の冒険」第7巻〕、リブロポート、1987年）が必読である。メディアが結合と分断を生んできたことが理解できる。
(6) 総務省情報通信政策研究所の「情報通信メディアの利用時間と情報行動に関する調査」(http://www.soumu.go.jp/iicp/research/results/media_usage-time.html)が詳しい。
(7) 「間メディア」に関しては文献ガイドを参照。
(8) 国際社会経済研究所監修、青木日照／湯川鶴章『ネットは新聞を殺すのか――変貌するマスメディア』NTT出版、2003年
(9) 前掲「ブログの実態に関する調査研究の結果」、前掲「ブログ・SNSの経済効果に関する調査研究報告書」
(10) 世耕弘成『プロフェッショナル広報戦略』（ゴマブックス、2006年）

で世耕の選挙戦略やメディアに対する広報の考え方の一端を知ることができる。
(11) 東日本大震災時のマスメディアのソーシャルメディア利用については、河井孝仁／藤代裕之「大規模震災時における的確な情報流通を可能とするマスメディア・ソーシャルメディア連携の可能性と課題」(新聞通信調査会編『大震災・原発とメディアの役割——報道・論調の検証と展望』〔「公募委託調査研究報告書」2011年度〕所収、新聞通信調査会、2013年)。
(12) ミドルメディアに関しては、藤代裕之「誰もがジャーナリストになる時代——ミドルメディアの果たす役割と課題」(遠藤薫編著『間メディア社会の〈ジャーナリズム〉——ソーシャルメディアは公共性を変えるか』所収、東京電機大学出版局、2014年)を参照。

文献ガイド

藤代裕之
『ネットメディア覇権戦争——偽ニュースはなぜ生まれたか』(光文社新書)、
光文社、2017年
　スマートフォン登場以後のニュースメディアの攻防を描いた、本章に続く位置づけ。フェイクニュースが生まれる構造を歴史的に解き明かしている。

佐々木裕一
『ソーシャルメディア四半世紀——情報資本主義に飲み込まれる時間とコンテンツ』
日本経済新聞出版社、2018年
　国内ソーシャルメディアの栄枯盛衰を記録し、コンテンツ、ビジネスモデル、ユーザー、技術がどのように変化してきたかを俯瞰できる。経営者の証言も豊富で、産業史としても興味深く読める。

遠藤薫編著
『インターネットと〈世論〉形成──間メディア的言説の連鎖と抗争』
東京電機大学出版局、2004年

　インターネット空間の論説を、マスメディアと対立的にとらえるのではなく、相互に関係しあう存在としてとらえた画期的な研究書。遠藤はメディアの相互関係を間メディア性と名付けた。

第 2 章

技術
技術的に可能なオープンプライバシー社会とその功罪

木村昭悟

> **概要**
>
> スマートフォン、ネットショッピング、電子マネー、ウェアラブルデバイス……いまや技術は私たちの生活の奥深くまで入り込んでいて、技術を理解することなしに社会をとらえることは難しくなっている。では、技術を駆使すると、どのようなことが可能になるのか。その問いに対する一つのバッドシナリオとして、実世界やインターネット上の情報や行動の履歴、ソーシャルメディアに集積された人々の関係性が現実社会で可視化され、モノ・ヒト・情報が相互につながることを余儀なくされる「オープンプライバシー社会」が可能であることを示すとともに、モノ・ヒト・情報をつなげる技術の仕組みと現状について解説する。

1 │ 技術的に可能な「オープンプライバシー社会」

メガネ型ウェアラブルデバイスを装着しながら歩くと、端末を

特に操作することなく、次々と情報が入ってくる。右前方のレストランではクーポンでドリンクサービスをしている。いま通り過ぎたショップではこの前買った服がバーゲンセールで半額で売られていて、その服を友人が買おうとしている。隣の見知らぬ人には共通の親友がいるらしい。レストランで仲良く食事している男女に目を向けると、実は過去に犯罪を起こしてニュースになったカップル。前を見ると、ソーシャルメディア上でブロックしている知人がこちらに向かって歩いてくる。本当は顔を合わせたくないのだが……。一方で、自分の情報も道行く人からすでに見られてしまっている。

　これは、情報を取得・解析・可視化する技術が高度に発達した結果、好むと好まざるとにかかわらず、モノ・ヒト・情報が相互につながることを余儀なくされた「オープンプライバシー社会」の一例である。図1にそのイメージを示す。この近未来像は、現時点ですでに、あるいは近未来の技術で到達可能なものである。デバイスを通した視界には、自分の身の回りの情報やイベントだけではなく、自分と交友関係がある人々の行動や想い、過去や関係性がすべて可視化されるようになる。これが実現すれば、もはやのんびりと街を散策することさえできなくなってしまう（この問題は、第8章「都市」で言及する都市の匿名性に深く関わる）。

　なぜこのようにすべてをつなげることが可能になるのか、それを可能にする技術は何か、その技術が機能する仕組みはどのようなものなのか。次節では、ヒト・モノ・情報を「つなげる」技術の仕組みと現状について解説したい。

図1 「オープンプライバシー社会」のイメージ

2 | 「つなげる」技術の仕組みと現状

▶ つながりを可視化する技術

　この近未来像を実現する技術の一つに、さまざまな情報を可視化するインターフェースであるウェアラブルデバイスがある。

　ウェアラブルデバイスが注目されるようになったきっかけは、2012年初頭に Google が開発した Google Glass の発表だが、その原点となるコンセプトは、第二次世界大戦中に発表された論文"AS WE MAY THINK (1)"にさかのぼる。このコンセプトは、頭部搭載型のヘッドマウントディスプレイを用いて自分の視野を人工的に構築された現実と完全に差し替える仮想現実（Virtual Reality: VR）というかたちで、1960年代には実現していた。

　その意味で、Google Glass のコンセプトは特別新しいものではなかったが、ディスプレイ・バッテリーの小型化や省電力化の

恩恵で一般的なメガネと同程度に小さなデバイスを実現したこと、さまざまな情報解析技術・サービスをもつGoogleが開発したこと、この2点によって大きな注目を集めた。メガネ型ディスプレイは、自分自身でデバイスを意識的に操作しなくても、自分の視界のなかにあるヒト・モノ・場所などに関するさまざまな情報を確認することを可能にする。

　自分の視界に違和感なくさまざまな情報を提示できるのは、VRを発展させた拡張現実（Augmented Reality: AR）と呼ばれる情報提示技術によるところが大きい。このウェアラブルデバイスを常時インターネットに接続することができれば、その場・そのときに必要な情報を自在に引き出し、即時に提示できるようになる（第10章「モノ」も参照）。のちに述べるプライバシーへの懸念から、Google Glassそのものへの期待やその普及は想定ほど進まなかったが、Google Glassの登場は、JINS MEMEなどに代表される装着者自身の状態を観測するデバイスや、手術を支援する医療応用に特化したデバイスなど、さまざまな分野でかたちを変えてデバイスを普及させるきっかけを作った。

▶ 実世界のヒト・モノ・場所をウェブにつなげる技術

　デバイスに提示すべき情報を決定するうえで重要になるのは、自分の周囲のヒト・モノ・場所を特定する技術である。なかでも場所の特定、すなわち、いま自分が地球上のどの場所にいるのかを特定する技術がもっとも広く利用されている。さまざまな技術が用いられているが、その基本的な原理はほぼすべて同じである。携帯電話基地局からの電波を用いる方式を例にとると、基地局から受信した電波の強度をもとに、現在位置から基地局までの距離をおおむね逆算することができる。各基地局の位置をあらかじめ登録しておき、3つ以上の基地局からの電波を受信することができれば、三角測量と同様の原理で、現在位置が求められる。

GPSによる位置特定も原理は同様で、4つ以上のGPS衛星からの電波を受信できれば、位置だけではなく高度・時刻も正確に求められる。スマートフォンの普及と無線LAN基地局の増加によって、GPS衛星や携帯の電波が届かない屋内や地下でも無線LAN電波で位置が特定できるようになり、Bluetoothや超音波を活用することでセンチ単位の位置特定も可能になっている。

　ヒトを特定する技術は、主に犯罪捜査や個人認証を目的として発達してきた歴史をもつ。なかでも、まったく同じ性質をもつ別の個人が存在する確率がきわめてゼロに近い人間の身体の部位を用いる認証である、生体認証が広く用いられている。そのもっとも典型的な例が指紋である。犯罪捜査で古くから用いられてきた指紋認証は、ここ数年で携帯電話やノートパソコンのロック解除など、一般向けの転用が急速に進んだ。銀行ATMの個人認証では指や手のひらの静脈パターンが、入国審査などでは虹彩（眼球の黒目）のパターンが採用されている。特殊なデバイスを必要としないカメラ画像からの人物特定も年々精度が向上している。さらには、腕の振り・歩行周期・歩幅などの歩き方の個性を解析することによって、高精度で人物を特定できることも知られている。

　モノを特定する技術は、この画像を用いたヒトの特定と類似した技術基盤のうえに成り立っている。近年では、人間の神経回路からヒントを得た人工知能モデルであるニューラルネットワーク[2]、その規模を大きくしても現実的な計算時間で優れた結果を導き出せる機械学習・数理最適化手法の発達、およびネット上に存在する膨大な画像の活用、の3点によって、画像に含まれるモノの名前や特徴だけではなく、画像を説明する文章を自動的に生成したり、画像そのものを生成したり加工したりすることさえ可能になっている。

　ヒト・モノ・場所を特定する情報解析技術の発達に加えて、解析に必要な情報を取得するデバイスも急速に発達していて、小型

化・汎用化が進むことでスマートフォンにも実装されるようになった。その典型的な例がカメラである。10年ほど前までは特殊用途で限られた場所にしかなかった監視カメラやドライブレコーダーは、街のいたるところで見られるようになり、画像の解像度も年々高精細になっている。

Microsoft Kinect に代表される深度カメラ（カメラから被写体までの距離を測定するカメラ）や Eye Tribe といったアイトラッキングカメラ（人間の視線方向を計測するカメラ）など、通常のカメラでは計測できなかった情報を提供するデバイスも安価に入手できるようになってきている。先に紹介したメガネ型ウェアラブルデバイスにも超小型カメラが搭載されていることから、もしこのようなウェアラブルデバイスの普及がさらに進むことになれば、街中のすべての出来事が立体的に撮影されている状況を作り出すことも可能になるかもしれない。

目の周辺の微弱な電流を測定するセンサーを使って目の動きや瞳孔を計測すれば、ユーザーの疲労度や眠気、視線を向けた場所、実際に強く興味を引かれていたもの [3]、誰が誰に好意をもっているか、お互いの人間関係を推測することも可能になる [4] だろう。これらの技術に、位置情報が同時に記録されヒト・モノ・場所を特定する技術を組み合わせることで、自分や周囲のヒトの未来の行動を予測することさえできるかもしれない [5]。

▶ ヒトとモノ・情報をつなげる技術

ウェブを利用したサービスでは、ユーザーのサービスの利用状況や行動履歴などさまざまな情報を収集・分析することで、行動パターンや趣味嗜好を把握し、利便性を大幅に向上させてきた。この技術は、ウェブ上の人間と、興味をもっているもしくは欲しいと思っているモノや情報とをつなげる技術だともいえる。

いまやインターネットに必要不可欠な存在になったウェブ検索

では、検索の際に入力した語句や、表示した検索結果のうち実際に訪問したページなど、ウェブ検索中の行動履歴をユーザーアカウントと紐づけて蓄積し、その履歴に基づいて検索結果をユーザーごとにカスタマイズしている。例えば、検索語を入力して最初に訪問した検索結果のリンク先が、そのユーザーにとって入力検索語ともっともマッチしたページである可能性が高いため、次回以降同じ検索語が入力された際には、そのページの検索順位をより上位に表示できる。検索語の入力を誤った際に自動的にその結果が修正される仕組みや、検索語の入力の途中で検索語が補完される仕組みも、検索履歴を活用することで実現している。

　ネットショッピングのサイト（以下、ECサイトと略記）では、数多くのユーザーの購入履歴を統計処理することで、同時に購入しそうな商品を推薦する、協調フィルタリングと呼ばれる技術が広く用いられている。この技術では、ある商品を購入したユーザーがほかにどのような商品を購入したか、すなわち、「この商品を買った人はこんな商品も買っています」という情報を大量に集めることで、購入した商品と同時に購入されやすい商品を推薦する。「この商品を調べた人はこの商品を買っています」という推薦も、協調フィルタリングと同じ原理で実現できる。これらは、同時に購入した、最終的に購入した、という単純な事実を積み重ねるだけでも、ユーザーの利用動向や趣味嗜好をとらえることができる好例である。

　検索ページやECサイトでのユーザーの行動履歴は、行動ターゲティング広告と呼ばれるネット上の広告を選択・表示するために積極的に用いられている（第5章「広告」を参照）。各サイトでのユーザー識別情報や行動履歴は、そのサイトのサーバーに保存されるだけではなく、cookieと呼ばれるファイル形式でサーバーから発行され、ユーザー側のブラウザに保存されることが多い。ログインが必要なサイトでログイン状態が継続されるのは、ユー

ザー識別情報を埋め込んだ cookie がブラウザに保存されているためである。広告事業者がさまざまなサイトに広告スペースをもっている場合には、サイトを横断して cookie を取得でき、そこにユーザーの行動履歴を記録しておけば、趣味嗜好を分析して、よりターゲットを絞り込んだ広告を提示することができるようになる。

▶ ヒトとヒトをつなげる技術

　いまや誰もが利用するほどに普及したソーシャルメディア（第1章「歴史」を参照）は、技術だけでは埋めることができなかった最後の1ピース、実世界でのヒトとヒトとのつながりをウェブ上にも再現可能にした。このヒトとヒトとのつながりを可視化する手段として利用されるのがソーシャルグラフである。ソーシャルグラフとはネット上の人間の結び付きや関わり合いを示した概念で、ヒトを点、ヒトとヒトとのつながりの有無を線で表現する。この表現方法はきわめて汎用的で、友達関係だけではなく、モノ・場所・情報のつながりも、すべてソーシャルグラフに取り込むことができる。

　ヒト・モノ・場所を特定する技術で実世界上のヒトやモノがネットとつながり、ウェブサービスで蓄積されたデータでヒトが情報とつながり、これにヒトとヒトをつなげるソーシャルグラフを加えることで、そのすべてがシームレスにつながり、これまでそれぞれの内側で閉じて存在していたヒト・モノ・場所相互の関係性や興味・関心が、実世界・ウェブサイト・ソーシャルメディアのすべてで可視化される、図1のような近未来像が現実味を帯びてくる。

3 | いまそこにあるオープンプライバシー問題

　実世界・ウェブ・ソーシャルメディアのシームレスな連結には、プライバシーが自分自身でまったく制御できないままオープンになる「オープンプライバシー」の状態が容易に形成される危険性がある。さまざまなセンサーやデバイスが記録し続けた情報、友人や周囲の人間が観測してウェブ上にアップロードした情報、ウェブ上に蓄積された膨大な情報、そのすべてが統合されて可視化されることで、個人だけが知りうると思っていた情報が容易に公のものになり、しかもその情報は消去されることなく肥大化していく。第1節では、このような「オープンプライバシー社会」を架空の近未来像として描いていたが、その一端は、すでに現時点で顕在化しつつある。

　オープンプライバシーの事例としてもっとも初期に問題になった典型的な例が、「ストリートビュー」である。「ストリートビュー」では、3次元的な実写地図を再現するために、車の屋根の上に搭載したカメラで道路とその周辺の風景を撮影している。その際に意図せず映り込んだ通行人が、この事例での被害者となる。現在では、すべての人物の顔にモザイク処理を施すことで実運用に至っているが、服装・体形・撮影場所で個人が同定される可能性もある。

　ソーシャルメディアへの写真のアップロードでも、同様の問題が生じる可能性がある。友人が撮影した写真にたまたま写り込む、もしくは故意に別の人物を撮影するなどしてその写真をアップロードすると、撮影された人物が被害者になる可能性がある。スマートフォンアプリやSNSで利用されている位置情報や投稿したテキストなどでも、内容によっては同様の問題が発生しうる（第10章「モノ」も参照）。

複数のアプリやSNSに分散した情報は、一つひとつは取るに足らないものでも、それを集約・統合することでプライバシーの脅威になる、という事例が数多く知られている。現在は人力で情報を集約・統合する「ソーシャル名寄せ」が非常に強力だが、技術によるプロファイリングも同等以上に強力である。もっともわかりやすい古典的な事例として、link attack がある。これは、ごくありふれた属性情報で個人を特定するセキュリティーアタックの手法で、2000年にアメリカで実施された国勢調査に含まれる郵便番号・性別・生年月日だけで63パーセントの個人を一意特定可能（同一属性をもつ個人を1人に限定できる）と報告されている(6)。

　ヒトとヒトとのつながりを悪用すると、重大なプライバシー侵害になる可能性がある。研究レベルでは、ソーシャルグラフと投稿されたコンテンツに加え、ごく少数のユーザーの正確な位置情報を利用すればほかの多くのユーザーの現在位置情報や居住地を高精度で予測できる(7)、ソーシャルグラフから特定の2人を除去したときのグラフの分離度によって、その2人が交際関係にあるかどうかを高精度で判別できる(8)、などの報告が知られている。

　これらを含む先端的なデータ解析を駆使して重大なプライバシー被害をもたらした事例として、2018年初頭に発覚したケンブリッジ・アナリティカが関与した問題がある（第6章「政治」に概要を説明しているので、ここでは技術面だけ記述する）。プライバシーデータを取得するための方法は比較的シンプルで、性格診断アプリを「Facebook」上で公開、アプリを使用したユーザーだけでなく「Facebook」でつながる友人に関するデータも取得するという方法である。

　ここで取得されたデータは、公開されているプロフィール、誕生日、居住地、ウェブサイトへの「いいね」、ソーシャルグラフ

などであり、一部のユーザーについてはニュースフィードやメッセージも取得されたとされる。これらのデータを解析することで、ユーザーの興味と関心が居住地と紐づけられて、プロパガンダ広告やフェイクニュースの配信に用いられた。

データを取得・解析するだけにとどまらず、データを自在に改変・生成することも可能になりつつある。本章第2節中で「モノを特定する技術」として紹介した深層学習の急速な発達は、映像に映る人物の顔を別の人物に入れ替える (9)、特定の人物の声を自在に作り出す (10)、さらにはある人物の声を別の特定の人物の声に入れ替える (11) ことをも可能にした。これらの技術も、映像コンテンツ制作などの場面で正しく利用すれば非常に有用だが、悪意をもって利用されると、事実に基づかない情報をニュースとして提供する、いわゆる「フェイクニュース」の温床となる可能性がある（フェイクニュースについては第4章「ニュース」参照）。

4 | 「つなげる」技術がもたらす恩恵とのバランス

前節までの議論では、実世界・ウェブ・ソーシャルメディアのシームレスな連結がもたらす負の側面だけを強調してきた。しかし、この連結は、使い方さえ誤らなければ、実世界を生きる私たちに数多くの恩恵をもたらす。

第一にあげられる恩恵が、実世界の行動に合わせた適応的なネット情報の取得と即時表示である。Google Glass の初期のコンセプトビデオ (12) に、そのいくつかの例が示されている。駅に向かっている途中で乗ろうと思っていた電車が止まっていることを知らせる、代替ルートとして電車を使わずに向かうための道案内を提示する、待ち合わせをしていた友人が近くまでやってきていることを知らせる。このように、実世界での行動を観測するこ

とや、ソーシャルメディアで交友関係を把握することでユーザーの行動や意図を予測し、その行動や意図を支援する情報をウェブ経由で取得して即時に目の前に提示する。これによって、実世界に生きる人々の行動は、より便利に、かつ効率的になるだろう。

実世界・ウェブ・ソーシャルメディアのシームレスな連結は、実世界でのコミュニティー活動やコミュニケーションを活性化させる効果ももたらす。街中を歩いているときに、近所で友人たちが参加している興味深いイベントを紹介する、たまたま同じ場所に居合わせた友人の存在を通知する、など、ソーシャルメディア上で交友関係にある人々の位置情報が共有されることで、これまで見逃されていた偶然の発見や再会をサポートすることができる。

さらには、実世界・ウェブ・ソーシャルメディア上での行動を日記のように記録し続け、それらを一元的に管理できることによる恩恵も数多く考えられる。実世界での活動を意識せずに観測し記録し続けるフィットネス系ウェアラブルデバイス、ネット上でのあらゆる情報をクリップして記録する「Evernote」などは、現時点で実装されている代表例であり、先に紹介したメガネ型ウェアラブルデバイスのカメラで撮影した映像も重要な記録になる。このようなかたちで日々積み重ねられる記録をクラウドサービスで一元的に管理し、必要なときに検索して情報を引き出すことで、記録が記憶や体験を代替するようになる。

オープンプライバシー社会は民主主義にとって決して望ましい近未来像ではないが、技術によってもたらされる利便性だけを追求すると、その望ましくない近未来像が現実のものになる可能性がある。実際に中国では、ここで述べてきた「つなげる」技術を決済アプリに紐づけることで個人に対する信用スコアが算出され、スコアが低下するとショッピングや移動に不利益が生じるようになっていて、オープンプライバシー社会が実現しつつある。進化を続けるデバイスやデータマイニングなどの技術は、使い方次第

ではさらなるプライバシーの脅威になりうる。

　日本でのプライバシーに関する脅威感は根強く、かつその脅威をもたらす「可能性がある」技術を排除する傾向も強い。しかし、これまでのサービスや技術の歴史を振り返ると、たとえ社会的な課題があったとしても、サービスの利便性を最大限生かせるように、制度・技術・社会のそれぞれでさまざまな努力を重ね、課題を解消しようとしてきた。また、技術そのものがプライバシーに対する脅威となりうるわけではない。使い方さえ誤らなければ、実世界・ウェブ・ソーシャルメディアのシームレスな連結やそれらを支える各種技術が私たちにもたらす恩恵は非常に大きく、社会的に重要な数多くの課題をも解決しうるポテンシャルをもつ（バッドシナリオを回避するための技術的な検討は第13章「システム」を参照）。

　進化し続ける技術がもたらす利便性と情報保護とのバランスをどのようにとるのか、その着地点をどこに定めるのか、以降に続くヒューマンファクターや法制度などの状況をふまえ、議論が進むことを期待したい。

考えてみよう
❶ 実世界もしくはウェブ上での自分自身のどのような行動が、他人のプライバシーを侵害する可能性があるのか考えてみよう。
❷ 自分に関するどのような情報がオープンになると困るか。そうならないために普段の生活で気をつけていること、気をつけるべきことは何か考えてみよう。
❸ 第13章「システム」を読む前に、オープンプライバシー社会の諸問題を技術的に解決する方法を、自分なりに考えてみよう。

注

(1) Vannevar Bush, "AS WE MAY THINK: A top U.S. scientist foresees a possible future world which man-made machines will start to think,": *Atlantic Monthly*, July 1945. (http://bit.ly/1PtUixn)

(2) 神嶌敏弘「人工知能学会誌 連載解説「Deep Learning（深層学習）」」(http://www.kamishima.net/2013/05/edit-tutorial-deeplearning/)

(3) 柏野牧夫／米家惇／Hsin-I Liao／古川茂人「身体から潜在的な心を解読するマインドリーディング技術」、日本電信電話編「NTT 技術ジャーナル」2014年9月号、電気通信協会（http://www.ntt.co.jp/journal/1409/files/jn201409032.pdf）

(4) Alireza Fathi, Jessica K. Hodgins and James M. Rehg, "Social interactions: A first-person perspective," IEEE Computer Society Con-ference on Computer Vision and Pattern Recognition (CVPR2012), 2012.

(5) 米谷竜「一人称ビジョンと集合視」「第22回 AI セミナー コンピュータービジョンと AI——人とロボットの視覚」産業技術総合研究所人工知能研究センター、2018年（https://goo.gl/SW3kbS.）

(6) Philippe Golle, "Revisiting the Uniqueness of Simple Demographics in the US population," ACM Workshop on Privacy in Electro-nic Society (WPES2006), 2006.

(7) David Jurgens, "That's what friends are for: Inferring location in online social media platforms based on social relationships," International AAAI International Conference on Weblogs and Social Media (ICWSM2013), 2013.

(8) Lars Backstrom and Jon Kleinberg, "Romantic partnerships and the dispersion of social ties: A network analysis of relationship status on Facebook," ACM Conference on Computer Supported Cooperative Work and Social Computing (CSCW2014), 2014.

(9) BBC News, "DeepFakes: The face-swapping software explained" (https://www.bbc.co.uk/news/av/technology-43118477/deepfakes-the-face-swapping-software-explained)

(10) BBC News, "Actor or algorithm: Can you spot Trump fakes?"

(https://www.bbc.co.uk/news/technology-45407059)
(11) Hirokazu Kameoka, Takuhiro Kaneko, Kou Tanaka and Nobukatsu Hojo, "StarGAN-VC: Non-parallel many-to-many voice conversion with star generative adversarial networks,"(http://www.kecl.ntt.co.jp/people/kameoka.hirokazu/Demos/stargan-vc/)
(12) Google: Google"Project Glass: One day…"(http://www.youtube.com/watch?v=9c6W4CCU9M4)

文献ガイド

羽生善治／NHKスペシャル取材班
『人工知能の核心』(NHK出版新書)、
NHK出版、2017年
　近年急速に発展を遂げている人工知能関連技術で何ができて何ができそうにないのか、その感覚を大まかに把握することに適した新書。続篇であるNHKスペシャル取材班『人工知能の「最適解」と人間の選択』(〔NHK出版新書〕、NHK出版、2017年)では、人工知能関連技術を信用しすぎることによるリスクを、本章とは異なる視点で解説している。

キャシー・オニール
『あなたを支配し、社会を破壊する、AI・ビッグデータの罠』
久保尚子訳、インターシフト、2018年
　人工知能関連技術を信用しすぎることによるリスクを前掲『人工知能の「最適解」と人間の選択』に類似する観点でより深く考察し、その仕組みを理解したうえでどう使いこなすべきかについて解説する書籍。

Brad Fitzpatrick,
"Thoughts on the Social Graph"
原文:(http://bradfitz.com/social-graph-problem/)
日本語訳:(http://blog.kentarok.org/entry/20070819/1187527599)
　世の中で公開されるソーシャルグラフをすべて集めて統合し、公共財として利用しようと呼びかける論説。ソーシャルグラフの功罪について考察を深めるうえで優れた導入資料。

第 3 章

法

ソーシャルメディア時代の制度はどうあるべきか

一戸信哉

> **概要**
>
> ソーシャルメディア上では、フェイクニュースやヘイトスピーチをはじめとする権利侵害が広まり、ともすれば、表現規制の強化が支持される状況にある。基本的人権としての表現の自由を守りながら、権利侵害による被害のリスクを減らしていくにはどうすればいいのか。特に、①情報流通の「媒介者」にどのように責任を負わせるべきか、②プライバシーや個人情報をどのように保護するのか、③過去の情報はどのように忘れられていくべきか、などが問題になる。

1 | ネット上の権利侵害の広がりと表現の自由

ソーシャルメディアには、フェイクニュースやヘイトスピーチをはじめ、権利を侵害するコンテンツが広まっている。このような状況に対し、規制を求める声は多い。マンガの違法コピーサイトに対し、特定のウェブサイトへのアクセスを禁止するブロッキ

ングの実施で対抗するという提案が出たのも一例だろう。しかしながら、法の専門家からは現行の仕組みで対応が可能であり、過度な規制は弊害が大きいという声もある。普段私たちが意識することが少ないソーシャルメディアと法の関係はどうなっているのだろうか。

　まず、押さえておきたいのは表現の自由である。憲法21条が保障する表現の自由は、精神的自由とカテゴライズされる基本的人権として位置づけられている。精神的自由を制約する立法の合憲性は、経済的自由を規制する立法よりも、より厳しい基準によって審査されなければならないとされる（「二重の基準」の理論）。表現の自由を含む精神的自由が保障されなければ、人々の自由な意見表明が前提となる民主主義が成り立たず、民主主義プロセスを通じた権利の回復もできないというのが、その理由だ。しかし、多様な人々が自由な表現活動をおこなうソーシャルメディアでは、情報が広まるスピードも早く、権利の侵害が回復不可能な損害をもたらすこともあり、迅速かつ強力な規制を求める声も強い。

　違法状態を改善するために、表現行為自体を規制しないまでも、情報流通をコントロールするのはどうか。世界を見渡せば、国家の安定を乱す情報流通を防止するため、ブロッキングを実施する国も少なくない。こうした規制を正当化する理由はさまざま存在していて、例えば児童ポルノの流通など、一見してアクセスを遮断すべき緊急性が高いとわかるケースもある。

　日本でも、児童ポルノについては、2011年から事業者による自主的なブロッキングがスタートしている。ブロッキングをおこなうということは、利用者の通信を事業者が監視して、特定のウェブサイトへのアクセスを遮断するということであり、本来、表現の自由と深い関わりをもつ通信の秘密を侵害する。児童ポルノのブロッキングについては、刑法上の緊急避難の3つの要件である、①現在の危難（危難が差し迫っている）、②補充性（やむをえずに

した行為)、③法益権衡(生じた害が避けようとした害を超えない)を満たしているという整理がなされ、実施に踏み切られた。ほかにも権利侵害による被害を防ぐために、著作権侵害などブロッキングの対象を広め、制度化したいという声もある(1)。

確かに、さまざまな権利を侵害されたとする人たちからすれば、インターネット上での情報流通は、回復不可能な被害をもたらし、事後的な対応では救済不可能なケースもある。いきおい、情報を流通させないブロッキングが必要だという意見に傾きやすい。しかも深刻な被害だという訴えは、抽象的でその意義が見えにくい「表現の自由」の保障よりも、世論の支持を得やすい。

しかし、表現の自由は、民主主義社会の根幹をなすもので、情報流通を止めることはリスクが高い。表現行為そのものを禁止していなくとも、社会全体がその表現の存在に気づくことができなくなるからだ。多くの人々が、「自分の知りたいことだけを知り、聞きたい意見だけを聞く」フィルターバブル状態にあるとされる今日、多様な意見にふれる機会をどのように保障するかは、きわめて重要な論点だ。

2 | インターネット関連法の発展

ブロッキング問題で見たように、新たな問題が発生するたび、「法が社会の変化に追いついていない」という批判が出る。しかし実際には、関連法の整備がおこなわれていないわけではない。デジタル化やインターネットの普及に伴い、技術の進歩に対応するべく法制度は常に変化を求められてきた。1980年代にコンピューター犯罪に対応する刑法の改正をおこなったのを皮切りに、新法の制定や既存法の改正がおこなわれてきた(表1を参照)。

表1 インターネット関連法整備年表

年	出来事
1987年	刑法改正。電磁的記録不正作出など、「コンピューター犯罪」に関連する規定が設けられる
1997年	著作権法改正。自動公衆送信権などの規定が設けられる
1999年	不正アクセス禁止法、通信傍受法、児童ポルノ禁止法制定
2001年	プロバイダ責任制限法制定
2002年	迷惑メールを規制する特定電子メール法を整備、特定商取引法を改正
2003年	個人情報保護法制定
2004年	児童ポルノ禁止法改正
2008年	迷惑メールを規制する特定電子メール法・特定商取引法を改正し、オプトイン規制を導入
2009年	著作権法改正。違法著作物(音楽・映像)のダウンロードが違法に
2011年	刑法改正によって、不正指令電磁的記録に関する罪が新設される
2012年	不正アクセス禁止法改正。フィッシング行為に関する処罰規定が設けられる
2013年	公職選挙法改正によって、インターネット選挙運動が可能に
2014年	児童ポルノ禁止法改正。児童ポルノの単純所持を規制の対象に。サイバーセキュリティ基本法成立。リベンジポルノ防止法成立

▶ インターネット犯罪への対応

　銀行口座番号やクレジットカード番号などの個人情報を詐取する「フィッシング」、ウイルスなど悪意がある不正プログラム「マルウェア」の配布は、相手方に具体的な損害を与える行為の前段階の行為だが、その後に大きな損害をもたらすことになる。フィッシングやマルウェアなどは、従来型の電子メールやSMSを利用するものとならんで、SNSに投稿したURLをクリックさせたり、SNSのメッセージを利用したりしているものもある。SNSを利用する場合には、アカウントを乗っ取って、SNS上の友達に対して投稿やメッセージを経由して情報が送られるため、受け取った側がだまされやすい。

　1999年に制定された不正アクセス禁止法は、無権限で他人の

コンピューターにアクセスする行為を規制することを目的としている。「なりすまし」などの不正な手段を用いてIDやパスワードなどの情報を取得する行為、フィッシング行為自体を処罰するため、改正がおこなわれている(2)。

また、コンピューター・ウイルスあるいはマルウェアの製造などの規制については、2011年に刑法も改正され、不正指令電磁的記録に関する罪（刑法168条の2、168条の3）が新設されている。

このほか、児童ポルノ禁止法も改正されている。児童ポルノの提供や製造を禁止して、性的搾取や虐待から児童を守ることがこの法律の目的だが、2014年の改正では、「自己の性的好奇心を満たす目的で、児童ポルノを所持」すること、いわゆる「単純所持」も規制することになった。

▶ 著作権法改正

他人のコンテンツをコピペ（コピー・アンド・ペースト）する「パクツイ」やまとめサイトへの投稿は、著作権の侵害となる恐れがある。著作権法は、権利が認められる著作物の種類、権利の内容、自由利用が認められる場合について、具体的に列挙し、適宜改正しながら、権利者と利用者の利益バランスを図ってきた。インターネットが普及し始めた1990年代後半からの改正では、「自動公衆送信」などインターネット上の発信についての権利が認められる一方、従来「私的使用のための複製」として自由におこなわれていたダウンロードについて、音楽・映像の海賊版のダウンロードを違法とする（2012年改正で罰則も導入）などとしている。

一方、このようなパッチワーク型の調整ではなく、公正な利用をより広く認める、アメリカ法にいう「フェアユース」規定の導入も提案されているが、包括的な法改正には至っていない(3)。ただ、2018年の改正では、柔軟な権利制限規定の整備がおこなわれ、権利者に及ぼす不利益が少ない領域については、広範に自

由な利用を認めることになった（30条の4、47条の4、47条の5）。具体的には、所在検索サービス、情報解析サービス、AIによる深層学習、リバース・エンジニアリングなどが例示されていて、これらに限らず幅広い利用が認められるとみられているが、その範囲はまだ明らかでない。マンガやアニメから派生する二次創作も、こうした柔軟な権利制限規定で法的に整理できる可能性もあるが、現状では権利者と二次創作者との間の「あうんの呼吸」で支えられている（二次創作をめぐる現状については、第9章「コンテンツ」を参照）。

3｜「媒介者」の責任——プロバイダ責任制限法

　権利侵害を実際に救済する際にカギを握っているのが、プロバイダなどの「媒介者」である。インターネット上の情報発信は、アクセス回線やサーバーなどのサービスを提供する事業者を介しておこなわれる（こうした事業者を、インターネットサービスプロバイダ〔ISP〕と呼んだり、省略して「プロバイダ」と呼んだりする）。権利侵害があった場合、直接の侵害者がまず責任を負うべきではあるが、こうした媒介者の協力がなければ救済が困難なケースも多い。媒介者の協力を得られない場合には、発信者に対してではなく、媒介者の責任を追及するということも考えられる。

　2001年に制定されたプロバイダ責任制限法は、個々の発信者の責任追及を容易にするとともに、この「媒介者」すなわち「プロバイダ」の責任を明確にすることを意図したものである(4)。正式には法律上「特定電気通信役務提供者」といい、ISPだけでなく、掲示板などのサービスを提供する事業者が広く含まれる。「媒介者」であるプロバイダには、どのような措置が求められ、その責任はどのように「制限」されているのか。この法律が定め

る、送信防止措置と発信者情報開示の手続きについて確認していこう。

▶ プロバイダによる送信防止措置と責任制限

例えば、自分に対する誹謗中傷がブログなどに書き込まれているのを発見したとする。これによって名誉毀損などの権利侵害があった場合、被害者はまずその情報を削除するなど、人々の目にふれないようにする措置をプロバイダに求めることになる。その際、プロバイダは、権利侵害があると確認できれば削除するだろうが、確信をもつに至らず、削除しない場合もありうる。この場合の被害者に対するプロバイダの責任についてプロバイダ責任制限法は、責任が発生するのは権利侵害を知るまたは知りうる状況にあるときに、送信防止措置など可能な措置をとらなかった場合に限られるとしている。

逆に削除した場合には、契約上、サービス提供義務を負っている発信者とプロバイダの間で紛争になることがありうる。これについてプロバイダ責任制限法は、削除などの送信防止措置をとったことについて、他人の権利が不当に侵害されていると信じるに足りる相当の理由があったときには、責任を負わないとしている。また侵害があるかどうか不明の場合には、訴えについて発信者に照会し、7日を経過しても回答がない場合には、送信防止措置をとっても責任を負わないとする。ただ7日間の照会期間は長すぎるという指摘もあり、2013年の公職選挙法改正(5)、14年の私事性的画像記録の提供防止法(リベンジポルノ防止法)では、照会期間を2日間に短縮する特例を設けている。

SNS事業者をはじめ、インターネット上に「場」を提供している事業者を「プラットフォーム事業者」と呼ぶことがある。プラットフォーム事業者は、ヘイトスピーチやフェイクニュースなどの情報流通を止めることをせず、事態を傍観しているという批

判を受けることも多い。これに関連して、プロバイダ責任制限法ガイドライン等検討協議会は、法務省人権擁護機関からの削除依頼があった場合は、「他人の権利が不当に侵害されていると信じるに足りる相当の理由がある」場合に該当して、免責が「期待される」とし、人権擁護機関の判断と相反する判断を下す場合には、「相当慎重な検討が必要(6)」としている。つまり、人権擁護機関から依頼があったとしても、権利侵害があったかどうかは確定しているわけではないので、「プロバイダ」は免責を「期待」しながら、不安定な立場のまま措置をとる必要があるということになる。

▶ 発信者情報開示請求権

次に被害者が求めるのは、発信者が何者であるかという発信者情報である。元の情報が削除されなかった場合はもちろん、削除された場合にも、その責任を追及するには、相手方の特定が必要になる。権利を侵害された場合、事業者に対する発信者情報開示請求権が認められ、発信者を特定するための情報として、氏名または名称、住所、電子メールアドレス、IPアドレス、携帯電話端末などからのインターネット接続サービス利用者識別符号、SIMカード識別番号およびそれらのタイムスタンプが請求可能である。

ただしプロバイダには、開示の請求に応じない場合の免責があるため、開示されなければ裁判所に対して訴えをおこなうことになる。権利侵害の拡散を防止するため、迅速で確実な情報開示が必要として裁判所が仮処分命令などを出すこともある。

発信者情報開示の目的は、発信者に対する訴訟提起であり、紛争の解決である。こうした観点からすると、最初から発信者を相手とする「匿名訴訟」(発信者情報を開示せず、匿名のまま訴える)を可能にし、そこにプロバイダも参加する、あるいは、プロバイダ

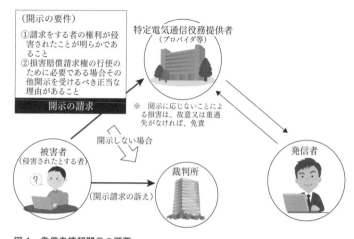

図1 発信者情報開示の概要
(出典：総務省資料から作成)

を相手とする訴訟に発信者も参加できるようにするなど、迅速な解決を実現するための工夫も考えられる。

プロバイダ責任制限法に基づく手続きは、ネット上の紛争がより広範にわたるなかで重要性を増している。ソーシャルメディアで拡散してしまえば、すべての情報を削除するのは困難になることが多い。権利侵害を受けた被害者の負担は大きく、その軽減が望まれている。

4 | 「素人」である一般ユーザーによる発言の責任

ソーシャルメディア上での発言は、一般ユーザーによっておこなわれるものがほとんどである。一方、その影響を受けるのも一般ユーザーだ。一般ユーザー、つまりはジャーナリストや研究者などのような専門知識を期待しえない「素人」の発言の責任をど

うとらえるべきか、名誉毀損を中心に考えてみよう。

　名誉毀損については、マスメディアによる言論活動との関係で判例の蓄積があり、たとえ名誉が毀損されていたとしても、言論の自由が優先され、責任を問わないとする場合が想定されている。すなわち、「公共の利害に関する事実に係り、かつ、その目的が専ら公益を図ることにあったと認める場合には、事実の真否を判断し、真実であることの証明があったとき」（刑法230条の2）、さらには、「真実と信じるについての相当の理由があるとき」には、違法性がないという「真実性・相当性の法理」が確立している。ただし、この考え方は、一定の専門性をもったプロの「ジャーナリスト」の表現の自由を想定したものである。一般の個人、いわば「素人」の言論にも同様の「真実性・相当性」の立証を求めるべきだろうか。

　この点、最高裁判所は、「インターネットの個人利用者による表現行為の場合においても、他の場合と同様に、行為者が摘示した事実を真実だと誤信したことについて、確実な資料、証拠に照らして相当な理由があると認められるときに限り、名誉毀損罪は成立しないものと解するべき」（最決平成22年3月15日刑集第64巻第2号1ページ）と判断、個人についてもジャーナリストと同様の責任を認めている。

　自ら取材しているわけではない一般ユーザーの場合には、誰かの発言をソーシャルメディア上で拡散したり、一定の加工をしたり、場合によっては元の記事よりもセンセーショナルな見出しを付加しているケースもある。2017年6月、高速道路であおり運転を受けて停車した車が大型トラックに追突された死亡事故で、あおり運転をおこなった容疑者の勤め先が、同じ名称のまったく無関係の企業であるとされ、その情報が拡散した。この事件では、掲示板やSNSで個人情報やデマを書き込んだユーザーが書類送検されている。ネット上で見かけた情報を正しい情報と確信し、

法　57

安易に拡散した個人の責任が問題になってきている。

また掲示板の書き込みをまとめた「まとめサイト」の責任については、在日朝鮮人のフリーライターに対する名誉毀損訴訟で、まとめ行為を「独立した別個の表現行為」ととらえ、まとめサイト管理人の損害賠償責任を認める判決が出され、最高裁で確定している。まとめサイトについては、情報の正しさを確信して発信しているというよりも、クリックさせるためにセンセーショナルな見出しをつける傾向も見られ、その責任も今後問題になる。

5｜プライバシーとソーシャルメディア

ソーシャルメディア上に個人にまつわるさまざまな情報が投稿される今日、プライバシーの侵害となりうる状況は多数存在している。他人の投稿によって権利が侵害されている場合もあれば、本人投稿の情報が思わぬかたちで文脈を付与されて拡散されていくこともある。また、情報がネット上に投稿される以上、SNS事業者は個人に関わるデータを蓄積することになり、これが目的外に利用されたり、本人の意に反して第三者に提供されたりするリスクも生じている。ここでは個人情報保護に関する近時の法整備と、プライバシーに関わるいくつかの新たな課題について検討しておこう。

個人情報保護法は、個人に関わるデータを取り扱う事業者を規制するものだが、2015年に改正された。この法律は、個人情報取扱事業者に対し、個人情報の利用目的の通知・公表（18条）、第三者提供の原則禁止（23条）のほか、データの正確性の確保、安全管理措置、従業者や委託先の監督などを義務づけている。15年の法改正では、不当な差別や偏見などにつながる「要配慮個人情報」という概念が導入され、本人の同意なき取得を原則禁

止している。また、「個人情報」の定義に「個人識別符号」が含められたため、身体的特徴を変換したものやパスポート番号、運転免許証番号など政令で定められた符号も、個人情報に含まれることになった。さらに、特定の個人を識別できないように加工し復元できないようにした「匿名加工情報」については、「個人情報」よりも自由な流通ができるよう制度設計がなされている(7)。

　ヨーロッパ連合(以下、EUと略記)では、2016年に一般データ保護規則(GDPR)を採択した。直接的にはEUの構成国に対して適用されるが、域内の個人データを移転させる域外の事業者にも同等の保護を要求していて、SNS事業者などにも影響がある。

　同規則では、消去権(後述する「忘れられる権利」)、データポータビリティ(事業者がもつ自分の個人データを、ほかの事業者に移転する権利)、プロファイリング規制(行動履歴分析の結果に本人は異議を唱えられるなど)を導入した。全体的に本人の同意の要件を明確化し、同意の撤回も認めているのが特徴で、本人の意思をより反映できる制度になっている。第2章「技術」では、実社会のヒト・モノ・場所・情報をつなげる技術の可能性と、それによるプライバシー侵害への懸念が紹介されているが、自分の情報に対する本人のコントロールを強固にするGDPRの考え方は、その法的な対処策と見ることもできる。

▶「忘れられる権利」

　過去に逮捕歴がある人物が、検索サイトの検索結果から自分の逮捕歴に関する情報の削除を求める訴訟が起きている。逮捕されたといっても、本人も容疑を否認し、不起訴処分になっているケースもある。本人の不利益になる情報がネットに記録として残っていた場合、その記録をネットから削除してもらうことは可能なのだろうか。

　プライバシーを保護し、傷ついた個人の評価を適切に回復する

ためには、検索エンジンやもとの情報を提供しているサイトから、その情報を削除するのが有効である。これを求める「忘れられる権利」と呼ばれるものが主張されるようになってきた(8)。GDPRのなかでも消去権という、個人データの消去を求める権利を認めている。ただし、表現の自由との調整についても規定があり、無制限の権利を認めているわけではない。特に検索エンジンからの削除を「忘れられる権利」として広く認めれば、権力者が、自らの「不都合な情報」を検索結果から取り除くためにこの権利に訴える可能性もあり、表現の自由に対する重大な脅威ともなりかねない。

　2014年5月、EU司法裁判所は、検索結果表示についてのGoogleの責任を認めて、検索結果を削除するよう命じる判決を出した。EUではこの判決を受けて、さまざまな削除要請がGoogleに対して多数寄せられるようになった。日本の裁判所では、「忘れられる権利」を認める判決が下級審で出ているものの、最高裁ではまだ認められていない。17年1月31日の決定で最高裁は、Googleに対して検索結果から自分の逮捕歴の情報を削除するよう求めた仮処分申し立てについて、「忘れられる権利」に言及せず、削除を認めないとしている。

▶ ソーシャルメディアアカウントの死後の取り扱い

　ブログを書いていた芸能人が亡くなると、死亡発表の直後からファンの追悼コメントがブログに寄せられ、そのままブログが公開されていた場合には、命日ごとにコメントが寄せられるという現象が見られる。「Facebook」では、故人の誕生日に、おめでとうメッセージを書くよう促されることもある。ソーシャルメディアアカウントの死後の取り扱いは、法律上どのような扱いになっているのだろうか。

　ソーシャルメディアアカウントを故人が第三者とのつながりを

蓄積したものととらえれば、遺族はこれを引き継ぎ、本人が死亡したことを友人・知人に知らせたいと考えるはずだ。しかし一方で、遺族が知らなかったSNS上での発言内容やつながりが死後明らかになることを、本人が望まないことも考えられる。本人の意思を生前に確認し、それに基づいた管理を、死後どのように継続するべきか(9)。

民法の相続に関する規定は、「相続人は、相続開始の時から、被相続人の財産に属した一切の権利義務を承継する。ただし、被相続人の一身に専属したものは、この限りでない」(民法896条)としている。ソーシャルメディアアカウントは一般的にいえば、きわめて「一身専属的」であり、これを相続するという考え方をとるのは難しい。

「Twitter」では、ユーザーの死後、遺族がアカウントの削除を要請することはできるとしているが、アカウントの継承を認めてはいない。ただし、アカウントを複数のメンバーが管理するケースはあり、遺族が故人にかわってアカウントから発信することは事実上容認されている。一方、「Facebook」では、故人のアカウントを管理するLegacy Contact（追悼アカウント管理人）の制度が設けられている。

考えてみよう

❶個人の情報発信による名誉毀損でも、プロのジャーナリストと同様の「真実性・相当性」がなければ責任を免れないというのが現在の日本の裁判所の考え方だが、それぞれの発信力に応じた責任のあり方について、どんな制度設計ができるだろうか。

❷日本の著作権法は、著作権者の許諾を得なくとも著作物が利用できる場合について、公正な利用を幅広く認める「フェアユース」の規定をおいていないが、日本のネット事情やそのほか

社会事情全般に適したかたちで、これに類する制度を導入する可能性はあるだろうか。

❸「忘れられる権利」を認められるべき対象者がいるとして、その限界をどのように考えればいいだろうか。例えば、刑が確定した犯罪に関する実名報道は、服役後も検索結果として表示されるべきだろうか。さまざまな事例から考えてみよう。

注

(1) 2018年4月には、政府の知的財産戦略本部・犯罪対策閣僚会議が、マンガやアニメの海賊版サイトについて、著作権侵害による被害が甚大であるとし、法制度の整備までの緊急措置として、民間事業者による自主的なブロッキングを要請する決定をおこなった。知的財産戦略本部・犯罪対策閣僚会議「インターネット上の海賊版サイトに対する緊急対策」(https://www.kantei.go.jp/jp/singi/titeki2/kettei/honpen.pdf)

(2) 現行不正アクセス禁止法については、警察庁の「サイバー犯罪対策」のウェブページ(https://www.npa.go.jp/cyber/legislation/index.html)で詳しく解説している。

(3) 2008年11月、政府の知的財産戦略本部が日本版フェアユースの早期導入を提言して文化審議会著作権分科会も検討を開始したが、具体的な法案化には至っていない。

(4) プロバイダ責任制限法については、総務省がウェブ上に解説として「特定電気通信役務提供者の損害賠償責任の制限及び発信者情報の開示に関する法律の概要」(http://www.soumu.go.jp/main_sosiki/joho_tsusin/d_syohi/ihoyugai.html)を設けている。また、事業者関連4団体も、関連情報のウェブサイト「プロバイダ責任制限法関連情報Webサイト」(http://www.isplaw.jp/)を開設し、送信防止措置や発信者情報開示措置を求める際の書式などもダウンロードできるようになっている。

(5) インターネット選挙運動の解禁については、総務省「インターネット

選挙運動の解禁に関する情報」（http://www.soumu.go.jp/senkyo/senkyo_s/naruhodo/naruhodo10.html）を参照。またその意義については、第6章「政治」を参照。
(6) プロバイダ責任制限法ガイドライン等検討協議会「プロバイダ責任制限法 名誉毀損・プライバシー関係ガイドライン 第4版」（https://www.telesa.or.jp/ftp-content/consortium/provider/pdf/provider_mguideline_20180330.pdf）
(7) 改正個人情報保護法の解説書として、岡村久道『個人情報保護法の知識 第4版』（〔日経文庫〕、日本経済新聞出版社、2017年）、日置巴美／板倉陽一郎『個人情報保護法のしくみ』（商事法務、2017年）。
(8) 「忘れられる権利」を扱った解説書として、神田知宏『ネット検索が怖い──「忘れられる権利」の現状と活用』（〔ポプラ新書〕、ポプラ社、2015年）。
(9) 死後のアカウントの取り扱いについては、吉井和明「遺族によるウェブサービス上の故人のデータへのアクセスの可否」（情報ネットワーク法学会編「情報ネットワーク・ローレビュー」第13巻第2号、商事法務、2014年）。

文献ガイド

小向太郎
『情報法入門──デジタル・ネットワークの法律 第4版』
NTT出版、2018年
「情報法」に関するテキストとして、インターネットの普及に伴う諸問題について、網羅的かつバランスがとれた内容。定期的に改訂もおこなわれている。

岡村久道／森亮二
『インターネットの法律Q&A──これだけは知っておきたいウェブ安全対策』
電気通信振興会、2009年
　体系的テキストではないが、Q&A形式でテーマごとに問題のポイントを比較的平易に解説している。

岡村久道編著
『インターネットの法律問題──理論と実務』
新日本法規出版、2013年

　上記2点に比べるとかなり専門性が高いテキスト。本書の関心である「ソーシャルメディア」よりもさらに幅広い論点について、理論と実務両面から解説している。

第2部

現在を知る

第 4 章

ニュース
ソーシャル時代で改めて問われるニュースの「質」

三日月儀雄

> **概要**
>
> ソーシャルメディアとスマートフォンの普及によって、ニュースや報道のあり方は大きく変容を続けている。本章では、日本のニュースサイトの歴史を概観するとともに、ニュースの変容について解説する。また、フェイクニュースなど質の低い情報が流通する背景と現状を理解し、ニュースを扱う事業者の責任と利用者の向き合い方について考える。

1 | 日本のインターネットにおけるニュースの担い手

インターネット黎明期のニュースサイトは「新聞のネット版」から始まった。1995年には朝日新聞社が「asahi.com」(現:「朝日新聞デジタル」)をスタートさせるなど、各新聞社がウェブサイトを開設し、紙面に掲載した記事や速報記事を配信している(1)。自社では取材をおこなわず、複数の配信媒体から記事を集めて掲載するアグリゲート型のニュースサイトは、96年の「Yahoo!

JAPAN」をはじめ複数のポータルサイトが90年代後半にサービスを開始した（第1章「歴史」を参照）。独自のアルゴリズムで記事の掲載順を決める「Googleニュース」は、2004年に日本版をスタートさせている。

　出版社では、2003年に「東洋経済オンライン(2)」が創刊されたほか、「ダイヤモンド・オンライン」「プレジデントオンライン」などのビジネス誌がネット展開を進めた。「週刊ポスト」や「女性セブン」など小学館の複数の雑誌からネットに親和性が高い話題を再構成して配信する「NEWSポストセブン」（2010年開始）や講談社の「現代ビジネス」など、現在では誌面からの転載だけでなくネット独自のコンテンツを配信するようになっている。「週刊文春」などを発行する文藝春秋は、媒体ごとに運用していたウェブメディアを統合し、17年に「文春オンライン」をスタートさせた。スクープと連動させた有料の映像配信や記事の個別課金など、デジタルでの取り組みを加速させている。

　紙の媒体をもたないネット専業媒体としては、1997年に開始したIT情報総合サイト「ZDNet Japan」（現：「ITmedia」）などの老舗もあるが、媒体の数が急激に増えたのは2000年代中盤からである。06年には、ネット上で話題になった出来事を中心に伝える「J-CASTニュース」、07年には音楽ニュースサイト「ナタリー(3)」が始まるなど、対象を絞ったサービス展開で存在感を示している。

　2000年代後半から10年代にかけてのソーシャルメディアとスマートフォンの急激な普及によって、従来のように自社メディアのトップページを訪れてもらうことに加えて、ソーシャルメディアのタイムラインに記事が表示されることが各メディアにとって重要になった。12年、「ソーシャルニュースサイト」を謳った「ハフィントン・ポスト日本版」がスタート。14年頃にはソーシャルメディアで拡散されやすい話題を中心に扱う「バイラルメデ

ィア(4)」が勃興。15年には「BuzzFeed Japan」が創刊された。

　ブログの普及と書き手を集めるメディアの登場で、組織メディアではなくジャーナリストや専門家などの個人が執筆する記事も「ニュース」として流通するようになった。「BLOGOS」は2009年にスタート。「Yahoo! ニュース 個人」は2012年に始まり、ポータルサイトでは個人による記事を新聞や雑誌などの記事と同じように掲載している。

　また、2010年代には「SmartNews」や「グノシー」などニュースキュレーションアプリが存在感を示した。ネット上の膨大な情報のなかからアルゴリズムなどによって多様な記事を選別し、見やすいレイアウトと快適な操作感で利用者を拡大した。経済メディア「NewsPicks」は記事の選別とコメントで独自の読者コミュニティーを構築し、オリジナル記事の制作にも力を入れている。LINEが運営する「LINE NEWS」は、LINEアプリの高い普及率を背景に幅広い年代の利用者を集めている。

2│ニュースを取り巻く3つの「変容」

　インターネットの登場、そしてソーシャルメディアとスマートフォンの普及によって、メディアの流通構造は大きく変わった。ここではニュースにおける「伝え手」「受け手」「コンテンツ」という3つの変容を見ていく。

　ニュースの「伝え手」は爆発的に増え、多様になった。ネットの登場以前、ニュースの主要な発信元は新聞・テレビ・ラジオ・雑誌などのマスメディアに限られていた。放送・出版という機能を獲得するには、一定のコストがかかり新規参入が難しいからだ。取材・報道するのは訓練されたジャーナリストや記者で、各社のメディアを通して視聴者・読者のもとに情報を届ける。流通する

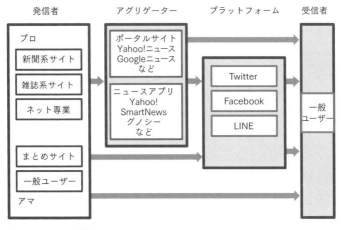

図1 ニュース流通図

情報には正確性がある程度担保される一方で、マスメディアが報じない世の中の出来事を知るのは難しかった。

　ネットでは国や自治体や企業などがメディアを介さずにウェブサイト上で直接発信できる。新規参入が容易なため、新しいネットメディアが数多く立ち上がり、さまざまなニュースが発信されるようになった。さらにブログや「Twitter」「Facebook」などソーシャルメディアの普及によって、発信する人は爆発的に増えた。災害や事件・事故の現場に居合わせた人がマスメディアの記者よりも早く状況を発信したり、世の中の出来事に対して専門的な知見をもつ人が解説したりするなど、流通する情報はより多様になった。一方で、情報発信の訓練を受けていない個人や未熟なメディアの発信は、不正確だったり人を傷つける表現をしてしまったりすることもある。

　さまざまなニュースや情報がネット上にあふれるなかで、それらを集めて多くの人に届ける「プラットフォーム」の重要性は大

きい。検索結果など多くの情報を提供する「Google」、数多くの媒体からのニュース記事を配信するヤフーなどのニュースサイト、「Twitter」や「Facebook」「LINE」などのソーシャルメディア、一般の人が記事や写真を編集して投稿できるブログや「NAVERまとめ」などがプラットフォームにあたる。

　流通する情報と情報を摂取する手段が多様になったことで、受け手の変容が起きている。受け手は摂取する情報を自ら選び取らなくてはいけない。スマートフォンの普及で、情報を摂取する回数も増えた。従来、マスメディアでは報じられなかった小さな出来事、競技人口が少ないスポーツやニッチな趣味の情報、日常生活の役に立つ暮らしのヒントまで、受け手が欲する情報の種類は実に多岐にわたる。

　新しい情報が次々に更新され、そのなかには信頼できるものも間違っているものもある。訓練された記者がファクトを確認した報道や信頼できる機関が発表した一次情報だけでなく、具体的な事実や全体像が判然としないつぶやきや断片情報といった「0.5次情報」であっても、いち早く知りたいという需要が拡大している。

　発信者の拡大と受け手の需要の変容とともに流通するコンテンツも変化している。テキストのニュース記事でも新聞記事のような5W1H（いつ、どこで、誰が、何を、なぜ、どのように）をコンパクトにまとめた記事だけでなく、さまざまな文体が用いられている。写真や動画を多数組み合わせたリッチな記事もある。ライブ配信も容易になった。「Twitter」を活用した実況中継のように、生の素材を編集なしで見せるものもある。データをわかりやすく可視化して見せるデータビジュアライゼーションや、刻一刻と移り変わる情報をタイムライン形式でまとめるライブブログといった取り組みも盛んだ。

　他方、ニュース記事の質については、取材力が未熟なメディア

による記事は不正確でわかりにくい場合がある。取材をしないでネットの書き込みやテレビ番組などの放送内容だけを頼りに記事を書く「コタツ記事」が目立つようにもなった。

3│不正確な情報流通と人々の分断

「面白いと思ってシェアした情報が、実はデマだということがわかった」。ソーシャルメディアを使っている人は経験したことがあるかもしれない。人々は正確な情報を望んでいるはずなのに、偏ったり不正確だったりする情報が流通してしまうのはなぜだろうか。

ソーシャルメディアでは、情報発信のプロだけが発信をしているわけではない。利用者が勘違いや思い込み、表現の拙さなどで不正確な情報発信をしてしまうこともある。なかには悪意をもったデマを流す人もいる。不正確であることを受け手側が見抜けないと、訂正されずに拡散し続けてしまう。

2016年4月の熊本地震では、「動物園からライオンが逃げ出した」とするデマが「Twitter」で拡散した。18年6月の大阪北部地震のときにも「電車が脱線」「シマウマが脱走」などといった虚偽の情報が流れた。11年の東日本大震災の際にも「有害物質を含んだ雨が降る」というデマが広がった。いずれも報道機関や行政がデマを打ち消す情報を発信したことで収束に向かっている。デマや不正確な情報を見抜いたり、正確な情報で打ち消したりするには訓練が必要だ。自分がフォローしている人に正しい情報を見抜ける人がいなかった場合、デマを打ち消す情報をいつまでも得られない可能性がある。

ソーシャルメディア時代には、さまざまな背景をもった人々が多様な発信をしているが、アルゴリズムによって、その人にとっ

図2　熊本地震の際に「Twitter」に投稿されたデマの一つ（一部加工）

て心地いい情報しか集まらなくなる恐れがある。「フィルターバブル」と呼ばれる現象だ。「泡」で包まれたように情報が遮断され、似通った意見をもった人々が同じ主張を強める傾向があるとされる。ソーシャルメディアは日々の生活のなかでは出会うことのない人々とつながることができる一方で、意見が違う人々と交わる機会が少なくなり、社会の分断を招いているという側面もある。

　香港城市大学の小林哲郎准教授らの2018年の研究によると、アメリカで見られるような分断化は、日本の「Twitter」ではNHKや大手全国紙のフォロワーの間では見られないという。一方で、「産経新聞」は保守的な利用者によってフォローされていて、「東京新聞」はリベラルな利用者によって選択的にフォローされているという傾向があり、「小規模なイデオロギー的分断化が生じている(5)」としている。

　イデオロギーの分断をめぐっては、近年ネット上で極端な言説を発する「ネット右翼（ネトウヨ）」と呼ばれる勢力が拡大しているとされ、社会的な関心を集めている。2013年頃には、外国人

への差別的な言動（ヘイトスピーチ）を伴う街宣デモが激化した。16年にはこうした差別的言動の解消を図る「ヘイトスピーチ対策法」が施行されている。

差別的な言説はソーシャルメディアや「まとめサイト」を通して拡散されている例もある。まとめサイト「保守速報」に差別的な記事で名誉を傷つけられたとして、在日朝鮮人のライターが損害賠償を求めた訴訟では、2018年、運営者側に賠償を命じた判決が確定している。同サイトをめぐっては、広告を掲載していた企業が「ヘイトを容認している」と批判され、広告の掲載を中止する動きも出ている（第3章「法」を参照）。

4｜「悪貨」が「良貨」を駆逐する

一般的に「良質な記事」とは何だろうか。世の中に知られていなかった事実をいち早く知らせる。丁寧に取材されていて、独自性があり、公共の利益に資する。こういったことがあげられるだろう。一方で、「質の低い記事」はどうか。事実の確認が甘いかほとんどされていない。ありふれた情報の寄せ集め。文章がわかりにくかったり間違いが多かったりする。一見、魅力的な見出しに興味を引かれて読んでみても、有益な情報が得られなくてがっかりする。そういった記事は質が低いといっていい。

質の低い記事を出し続けていると、読者の信頼が失われ、やがて淘汰されて良質な記事だけが残る——。しかし、必ずしもそうはなっていないのが現在のネットの状況だ。その大きな要因は、広告モデルに依存したネットメディアの収益構造にある（第5章「広告」を参照）。

多くのネットメディアはページに広告が表示されたり、クリックされたりすることで収入を得ている。より多くの収入を得るに

はページビューを稼ぎ、広告が表示される回数を増やさなければならない。だが、良質な記事がページビューを稼ぐとはかぎらない。

　人々はニュースサイトやアプリの記事一覧や、ソーシャルメディアのタイムラインでシェアされたもののなかから気になった見出しや画像をクリックする。あるいは、気になるワードで検索して、検索結果に並んだもののなかから何かを選ぶ。クリックするかどうかの判断の大部分を占めるのが見出しと画像だが、それだけでは記事の質が高いか低いか、判別することは簡単ではない。一般的に、政治や経済の硬派な内容の記事よりも、衝撃的な事件・事故や芸能・スポーツ記事などのほうがクリック率は高い傾向にある。

　ネットで効率よく収益をあげるならば、人々の興味をそそるインパクトが強い見出しでページビューを稼ぐ記事をできるだけ低コストで量産するということになる。著名人のソーシャルメディアの投稿やテレビ番組の内容をそのまま書いた「コタツ記事」が量産される理由もここにある。

　質の低い情報を放置することで運営会社が批判を浴び、是正に動くケースもある。2016年、DeNAのキュレーションサイト「WELQ（ウェルク）」をめぐる騒動は、ネットに流通する情報の質や信頼性について大きな議論を呼んだ。科学的に根拠のない医療記事や著作権侵害の可能性がある記事が大量に掲載されていることが指摘され、サイトは閉鎖に追い込まれた。低コストで記事を量産することで、ページビューを稼ぎ業績が急成長するなかでのことだった。

　とはいえ、大手ではない企業や個人が運営するまとめサイトなどは、扇情的な見出しや刺激的な画像で多くのページビューを稼いでいるのが現状である。虚偽の情報や著作権侵害、人権侵害につながるような内容も少なくない。

図3 BPO で指摘された番組『ニュース女子』は制作会社によって「YouTube」にアップされている

　一方で、丁寧な取材を重ねてコストをかけた良質な記事を作ったとしても、必ずしもページビューが伸びるわけではない。新聞の1面やニュース番組のトップで報じられるような記事と、ニュースサイトのアクセスランキングで上位になるような記事、ソーシャルメディア上でのシェア数が多い記事の間には大きな乖離がある。

　ネットメディア以外でも、極端なコンテンツの内容がソーシャルメディア上などで批判を浴び、問題化する事例もある。2017年に東京メトロポリタンテレビジョン（TOKYO MX）で放送された番組『ニュース女子』がBPO（放送倫理・番組向上機構）の決定で、「重大な放送倫理違反」があるとされた。決定によると、問題になったのは同番組の沖縄基地問題に関する特集で、事実の裏付けがない内容や侮蔑的な表現があったことだった。同番組はTOKYO MX が制作に関与しない「持ち込み番組」であり、番組基準に合致するかどうか放送前に判断する考査が機能しなかったと指摘している(6)。

　NHK 放送研究所によると、日本人の政治的・社会的活動意欲

が40代以下の若い世代を中心に低下しているという(7)。同研究所はその背景の一つとして「若い世代を中心とした身近な世界で「満足」するという価値観の変化」をあげている。公共性がある良質な報道記事に対して、どのように関心を集めるのかがニュースを扱う事業者の課題になっている。

5 フェイクニュースとプラットフォームの責任

　ソーシャルメディア時代には、真偽不明な情報が次々に生み出され拡散されてしまう状況がある。2016年のアメリカ大統領選をめぐる虚偽のニュース「フェイクニュース」の問題は、世界に衝撃を与えた。選挙期間中には「ローマ法王がドナルド・トランプ氏を支持」といった虚偽のニュース記事が「Facebook」などを通じて繰り返し拡散され、選挙結果に影響を与えた可能性が指摘されている。政治的な意図をもったフェイクニュースが右派系ニュースサイトなどから発信され、ロシア政府による「世論工作」の疑惑も深まっている。

　一方で、選挙に関するフェイクニュースが発信された動機の一つが金儲けだ。東欧のマケドニアにあるヴェレスという町では、100以上のトランプ支持サイトが立ち上げられていた。仕事がない若者がサイトを作ってフェイクニュースを発信し、それをトランプ支持者が拡散することでアクセスを稼ぎ、広告収入を得ていたという(8)(第6章「政治」を参照)。

　大統領選後、フェイクニュースの拡散に加担したとして、「Facebook」への批判が高まった。個人情報の流出を受けた2018年4月のアメリカ公聴会で、フェイクニュースをめぐる問題について「Facebook」のマーク・ザッカーバーグCEOはメディア企業ではなく、テクノロジー企業であると強調したが、プラット

フォーム企業への責任を問う声は依然大きい。

「Facebook」は2017年5月に、動画の生中継を含むコンテンツの監視要員を3,000人追加すると発表した。世界に4,500人いる要員を1年かけて7,500人にするという。

「Twitter」は「ヘイトスピーチが野放しになっている」などの批判を受けて、運用ルールの厳格化を進めている。2017年12月には差別的な投稿や暴力行為の予告といった行為を減らすための新しいルールを公表した。

Google は2018年1月、「YouTube」で広告の掲載基準を厳格化すると発表した。暴力や差別的な内容を含む動画に広告が付かないようにして、問題がある動画を減らす狙いだという。

ドイツでは2018年、利用者200万人以上のソーシャルメディアに対して、ヘイトスピーチやフェイクニュースなどの速やかな削除を義務づける法律が施行された。法規制の強化の動きを受けて、ネット上に流れる情報の「質」をめぐり、プラットフォーム企業の自主的な取り組みを求める機運が高まっている。

日本でも2018年、まとめサイト「NAVERまとめ」で無断転載されていた報道機関7社の写真や画像など約34万件を削除することで合意したと、LINEが発表した。「NAVERまとめ」を運営するLINE子会社・ネクストライブラリの島村武志社長は「プラットフォーム責任者として誠に遺憾[9]」とコメントしている。ヤフーは同年3月、配信した「産経新聞」の記事2本で事実関係に間違いがあったとして、「おわびと訂正」を出した。「Yahoo! ニュースとしてもユーザーにニュースを提供した責任がある[10]」としている。

フェイクニュースやヘイトスピーチの問題が深刻化し、その拡散の舞台としてプラットフォームが利用されているいま、運営企業は相応の社会的責任を負うべきという考え方が広がっている。

ニュース

> **考えてみよう**
>
> ❶ 変化の激しいメディア環境のなかで、公共性が高い情報を広く伝えていくためにどんなことができるだろうか。具体的な手法を考えてみよう。
>
> ❷ ネット上のあやふやな「0.5次情報」が「確定報」として報じられた事例をあげ、報道機関がどのような取材をしたのかを考えてみよう。
>
> ❸ ソーシャルメディア上で拡散されやすい「ニュース」の特徴は何か、考えてみよう。

注

(1) 新聞各社のネットに対する取り組みには温度差があり、各社何度かのリニューアルを経てスタンスも変わってきている。2000年代中盤の各社のネット事業への考え方の一端が理解できる記事として、以下が詳しい。松岡美樹「[短期集中連載] 新聞はネットに飲み込まれるか?」「ASCII.jp」(http://ascii.jp/elem/000/000/077/77582/)

(2) 「東洋経済オンライン」(http://toyokeizai.net/) は2016年9月に月間ページビューが2億を突破し、ビジネス誌系のサイトとして最大手になっている。

(3) 「ナタリー」(http://natalie.mu/) は、2008年には「コミックナタリー」、09年に「お笑いナタリー」、15年に「映画ナタリー」をスタートさせるなど、「ポップカルチャーの通信社」を標榜して拡大を続けている。高橋暁子「ポップカルチャーの通信社を目指す ナターシャ 大山卓也社長(前編)」「INTERNET Watch」(http://internet.watch.impress.co.jp/docs/column/president/20090928_317417.html)

(4) アメリカで「Upworthy」「BuzzFeed」などが急成長したことを受けて、日本でも多くのバイラルメディアが開始されたが、ネット上で話題になった画像を無断でコピーして記事化するなど、著作権問題を中

心としたトラブルも多く見られた。ヨッピー「悪質バイラルメディアにはどう対処すべき？ BUZZNEWS をフルボッコにしてみた」「Yahoo! スマホガイド「スマホの川流れ」」(https://netallica.yahoo.co.jp/news/20151224-49377889-netallicae)

(5)「日本のツイッターユーザのイデオロギーを機械学習で推定。一部メディアでニュースオーディエンスが分断化。」「立命館大学」(http://www.ritsumei.ac.jp/news/detail/?id=1040)

(6)「東京メトロポリタンテレビジョン『ニュース女子』沖縄基地問題の特集に関する意見」「放送倫理・番組向上機構」(https://www.bpo.gr.jp/?p=9335&meta_key=2017)

(7) 小林利行「低下する日本人の政治的・社会的活動意欲とその背景──ISSP 国際比較調査「市民意識・日本の結果から」」「NHK 放送文化研究所」(https://www.nhk.or.jp/bunken/research/yoron/20150101_5.html)

(8)「マケドニア番外地──潜入、世界を動かした「フェイクニュース」工場へ」「WIRED」(https://wired.jp/special/2017/macedonia/)

(9)「[NAVER まとめ]「NAVER まとめ」における知的財産権に関する権利保護対策への取り組みについて 報道7社と合意」「LINE Corporation」(https://linecorp.com/ja/pr/news/ja/2018/2177)

(10)「おわびと訂正（米海兵隊員の日本人救出報道について）」「Yahoo! ニュース」(https://news.yahoo.co.jp/newshack/information/topics_20180305.html)

文献ガイド

安田浩一
『ネットと愛国──在特会の「闇」を追いかけて』(g2book)、
講談社、2012年

　差別的な言動を繰り返す団体など「ネット右翼」と称される人々の実態を丁寧に取材している。

林香里
『メディア不信──何が問われているのか』（岩波新書）、
岩波書店、2017年

　世界のさまざまな事例を通して、メディアに対する「不信」の構造を明らかにしている。

平和博
『信じてはいけない──民主主義を壊すフェイクニュースの正体』（朝日新書）、
朝日新聞出版、2017年

　朝日新聞IT専門記者の筆者が、豊富な事例をもとにフェイクニュースの実態と課題を掘り下げている。

第5章

広告
「ルール間の摩擦」が生む問題

山口 浩

概要

　ソーシャルメディアの普及はビジネスと非ビジネスの各コミュニケーションを結び付け、企業や製品・サービスと顧客との新たな「つながり」を広告に生かす手法が生まれた。しかし、これまで分かれていたビジネスとビジネス以外の領域との融合は、それぞれに適用されていたルール間の摩擦や衝突を生んでいる。本章では、フェイクニュースやヘイトスピーチの拡散、ステルスマーケティングなど、ソーシャルメディア時代の広告とそれが引き起こす問題に注目する。ビジネスの「常識」が変化を迫られるなか、広告主自身がリスクマネジメントとして、ルール間の摩擦や衝突を生むマーケティング活動を排除していく必要がある。

1 | ネットが広告ビジネスを変えた

　メディアの歴史は広告の歴史でもある。新聞や雑誌、ラジオや

テレビなど、新たなメディアが登場するたびにそれは新たな広告媒体となり、マスメディアが消費者に深く浸透していくにつれて、広告も商品やサービス購入時の重要な判断基準になっていった。モノ余りの時代を迎えると、消費意欲を喚起するために広告の役割はさらに大きくなり、広告ビジネスの規模も拡大していった。

しかしやがて、こうしたマスメディア広告の効果は陰りをみせるようになる。豊かになり、「人と同じもの」ではなく「人と違う何か」を求める消費者に対して、同じ内容を多数の人々に届ける広告は必ずしも効果的ではなくなってきたのである。マスメディアへの関心自体も、かつてほどではない。「4マス媒体」と呼ばれる新聞・雑誌・ラジオ・テレビのうち、テレビを除く3つは広告収入を大幅に落としていて、テレビ広告も最盛期だった2000年前後と比べて減っている。

代わって収入を大幅に伸ばしているのは、インターネット広告である。1990年代に商用化が始まったインターネットは、課金システムの発達の遅れもあって、テレビ同様、広告費収入に依存する無料の情報提供メディアとして発達した。技術的な制約もあって、テレビのように多くの人々に同じ情報を同時に伝えるのには必ずしも適していないものの、多様な情報を低コストで発信でき、求める情報を探し出すことにインターネットは優れている。そのため、広告もまたこの特徴を生かし、マスメディアのようなやり方にとどまらず、受け手によって異なる広告を送る仕組みが発達した。検索や利用履歴などに表れるユーザーの興味の対象に応じて広告の内容がパーソナライズされるため、より高い広告効果が期待できるのである。

さらにネット広告の変化を推し進めたのは、スマートフォンなど携帯型端末の発達である。インターネットは当初、パソコンで接続するものとして普及した。すなわち、「必要なときにパソコンがある場所へ行き、スイッチを入れ、接続して利用するメディ

ア」だったのである。しかしスマートフォンは、誰もが常時スイッチオンの状態で持ち歩き、どこからでもネットに接続することができる。これによって、多くの人々にとって、インターネットは一気にもっとも身近なメディアになった。特に若い世代はこの傾向が顕著であり、2010年代半ば以降、10代後半および20代のメディア総接触時間では、「テレビ」よりも「携帯電話／スマートフォン」が上回る状況になっている(1)。

　相前後するように普及が進んだのが、ソーシャルメディアである。パソコンからスマートフォンへのシフトがインターネットを「そこに居続ける場」に変えたことで、ソーシャルメディアも友人と常時「つながり続ける」場になった。スマートフォンの利用目的のなかでソーシャルメディアの比重は大きく、テレビを見ながら利用する場合も多いことなども含め、消費者のメディア利用はスマートフォン、およびソーシャルメディアへと大きく傾いてきている。

　ソーシャルメディアの広告への影響は2点あげられる。まず、データの活用である。ユーザーの日常生活の場であるソーシャルメディアには、会員登録の際に入力されたユーザー属性やそこで形成されるソーシャルネットワークだけでなく、位置情報を含む日常生活の多くの部分が利用履歴として記録されている。広告を提供する企業は、消費者に関する情報を個人レベルでより深く把握できるようになった。すなわち、ソーシャルメディアの普及でもたらされた「オープンプライバシー」（第2章「技術」を参照）が、広告の最適化に活用されるのである。

　もう一つは口コミの活用である。ソーシャルメディアのユーザーは、ソーシャルメディア上でつながりがある相手からの情報を信頼する傾向がある。総務省の調査によれば、インターネットは特に「観光情報」「ショッピング・商品情報」の分野で、テレビ、新聞・雑誌、ラジオなどのマスメディアよりも情報源として多く

AIDMA モデル	Attention（認知）	Interest（関心）	Desire（欲求）	Memory（記憶）	Action（行動）
	広告などで商品・サービスの存在に気づく	関心をもつ	欲しいと思う（しかしその場では買えない）	（買いにいこうと思い）記憶する	実際に買う

AISAS モデル	Attention（認知）	Interest（関心）	Search（検索）	Action（行動）	Share（共有）
	商品・サービスの存在に気づく	関心をもつ	ネットで検索し情報を得る	ネットで買う（記憶する必要がない）	買ったことや感想などをネットで発信する

図1　AIDMA モデルと AISAS モデル

利用されている。また「グルメ情報」「娯楽・エンタメ情報」の分野でも、テレビとほぼ同等に利用されている。インターネットで商品やサービスの情報をより効果的に伝えることができる。

　ネットの普及が進んだ2000年代に、広告代理店の電通はAISAS モデルを提唱した（図1下段）。商品やサービスを購入する際の消費行動モデルとして、かつては AIDMA モデル（図1上段）が提唱されていた。しかしネットの普及により、関心をもったらすぐ検索して情報を得る、そのままネットで購入する、また購入後にその感想などをネットで共有し、それが次の購入者の参考になるというように変化した、というのである。

　スマートフォンとソーシャルメディアが普及したいま、消費者行動はさらに変化している。いくつかのモデルが提唱されている(2)が、共通するのは、ネットでの情報共有が実際の購買行動よりも早いタイミングでおこなわれ、それが購買の意思決定自体に影響を及ぼすとする点である。こうした情報共有の場が人々が

常時接続するソーシャルメディアであり、そこで人々はマスメディアだけでなく、個人を含むさまざまな発信者からの情報に接し、また自らも発信しながら意思決定し、消費している。

2 | 口コミの広告化

　インターネットやソーシャルメディアの発達は、それまで分かれていたビジネスのコミュニケーションと非ビジネスのコミュニケーションの接近・融合をもたらした。

　ビジネスのコミュニケーションとは、典型的にはマスコミュニケーションである。販売収入や広告料収入などを得るために商業媒体を使って同じ情報を同時に多数の人々に届ける新聞やテレビなどのマスメディアは、その影響力の大きさから、営利事業であっても公共性が強く意識され、その内容に対して自主的あるいは法的な規制がおこなわれる。これに対し、非ビジネスのコミュニケーションは郵便や電話など基本的にパーソナルなものであり、情報が届く範囲が狭いかわりに、その内容への規制はおこなわれず、むしろ権利として自由であることが前提とされる。両者は主に歴史的経緯や技術的な制約によって、それぞれ別のサービスとして、別の事業者によって提供されていた。しかしこれが大きく変わったのである。

　ソーシャルメディアの普及によって、個人間のコミュニケーションは社会的な広がりをもつようになり、その影響力も著しく増大した。消費者は友人・知人との日常的なコミュニケーションを通じてさまざまな情報を得て、それを自ら拡散するようになった。個人から発信される情報は通常、マスメディアのように多くの人々の関心を集めることはできないが、同種の情報が集まれば、その影響力は大きくなる。

口コミを集め、それに広告効果をもたせる手法も生まれて発達した。「ぐるなび」「食べログ」などのレビューサイトや、「Amazon」などのインターネット通販サイトでは、商品やサービス、店舗や料理などについてユーザーが評価を投稿でき、それらが集計され、客観性をもった評価として表示される。広告主である企業の意向によってコントロールされ、悪い評価が出てくることがないマスメディア広告と違って、消費者目線でのより正直な（と思われる）評価を知ることができる。

　ソーシャルメディアでは、レビューサイトのような「どこかの誰かの評価」だけではなく、ユーザー自身の知人や友人の評価を広告に用いる手法も取り入れられている。例えば「Facebook」では、広告に対してどの友達が「いいね！」をしているかが表示される。友達や自分の投稿が並ぶタイムライン上にも、記事と同様の体裁をとった広告が表示され、友達の投稿に対するのと同じように「いいね！」をしたり、友達にシェアしたりできる。自分と価値観や好みが近い友達が評価している商品やサービス、店舗などであれば、自分にも合ったものであり、情報の内容も信用できると考える消費者は少なくないだろう。ユーザーのソーシャルネットワークを広告媒体とすることで、より高い広告効果が期待できる。

　個人のなかには、動画サイトやSNSなどで数多くのファンを有し大きな影響力をもつソーシャルメディア上の有名人すなわち「インフルエンサー」が現れ、彼らに商品やサービスを推奨してもらう口コミマーケティングがおこなわれるようになった。マスメディア上の有名人ほどの知名度はなくても、それぞれの得意とする分野では無視できない影響力をもつ彼らのなかには、その収入で暮らしていけるほどの者もいる。広告ビジネスとしても、マスメディア広告だけではとらえきれない小規模の広告ビジネスのニーズを、インフルエンサーの力を借りながら満たし、新たな収

入源にすることができる。

　こうした変化の背景に、上記の携帯型情報端末やソーシャルメディアの普及、それらによる消費者行動の変化があることはいうまでもない。広告における口コミの役割の拡大は、個人間、広告と個人、位置情報と広告など、インターネットとソーシャルメディアが生んださまざまな「つながり」の原因であり、また結果でもある。そしてそれは、消費者、企業の双方にメリットをもたらしているのである。

3 │ 広告とコンテンツの境界の融解

　しかし、こうした広告の非ビジネスへの接近は社会的な問題を引き起こすようになった。マスメディアでは、広告はコンテンツと区分されていたが、ソーシャルメディアの発展に伴いさまざまな広告が開発されたことによって広告とコンテンツの境界が融解していった。

　「YouTube」や「Instagram」など映像や画像を通じてつながるソーシャルメディアを主な活動の場とするインフルエンサーのなかには、比較的若く、法令や社会情勢に対する十分な知識や経験をもたない者が少なからずいる。こうしたインフルエンサーを活用したマーケティング活動では、彼らによる不注意な情報発信によって、広告主企業のブランドイメージを損なうリスクが一部顕在化している。

　口コミマーケティングでも、発信者の規範意識の乏しさを悪用する動きが活発になった。消費者のソーシャルメディア上の口コミへの信頼を利用し、口コミに見せかけた広告をソーシャルメディアに流したり、口コミを金で買ったりする活動、すなわちステルスマーケティング（ステマ）が横行するようになったのである。

2011年から12年にかけて、こうしたステマが相次いで発覚し、問題化した。レストランなどの口コミを掲載するレビューサイトで、店舗からの依頼を受けた好評価が大量に投稿されていることが明らかになり、当該サイト自体への信頼性に疑問を呈する声が相次いだ。また、芸能人が企業の依頼を受け、そのことを伏せながらブログでその企業の商品やサービスを推奨していたことが発覚し、関与した芸能人らが謝罪に追い込まれる事件も発生した(3)。

2016年のアメリカ大統領選に影響したのではないかと指摘されるフェイクニュース（第4章「ニュース」を参照）も、その少なくとも一部は、広告収入を目的として作られたものだった。民主党のヒラリー・クリントン候補に不利な情報が多く流されたのも政治的意図はなく、そのほうがより多く拡散・閲覧され、より多くの広告収入が期待できたためである。ヘイトスピーチを発信するサイトにも広告は表示され、その運営を結果的に支えている。フェイクニュースは、広告により支えられているともいえるだろう。

また、記事コンテンツのなかに溶け込むよう工夫されたネイティブ広告や、企業が運営するオウンドメディア(4)からの情報も、記事と同様に流通するようになった。宣伝的なコンテンツがニュースとして人々に伝わるなど、ここでもまた広告とコンテンツの境界が融解しつつある。

4 | ルール間の摩擦

このような背景に、広告がテクノロジーの領域になってきたことがあげられる。

多様化する情報の流れに対応するため、広告の自動化、システム化が進んだ。膨大な配信先にコンテンツとユーザーに合わせた

最適な広告を自動的に配信する仕組み（アドネットワーク）、広告を表示するたびに入札をおこなって表示する広告を決める広告取引市場（アドエクスチェンジ）など、高度な広告技術（アドテクノロジー）が急速に普及したのである。

　2008年のリーマンショック以降、金融業界を離れたエンジニアが広告業界に移ったことが影響しているとされる。従来マスメディアの広告を担当していた企業だけでなく、新たな企業が広告に参入した。運用型広告と呼ばれるこのジャンルは、急成長を続けるインターネット広告のなかでも主要な位置を占めるようになっている。日本では17年、運用型広告費が9,400億円（対前年比127.3パーセント）に達し、インターネット広告媒体費1兆2,206億円（同117.6パーセント）のうち77.0パーセントを占めた（図2）。

　フェイクニュースをはじめとする不適切なコンテンツを支えているのも、このようなテクノロジーである。運用型広告の広告主は、広告の配信先をある程度選択することができるが、具体的にどのページにどの広告が配信されるかをコントロールすることはできない。結果として、閲覧数増だけを狙った質の低い記事を送り出すメディアにも広告が配信され、それらの跋扈を許すことになった。

　かつて広告業界は、誇大広告や虚偽広告への批判をしばしば受けた。広告に対する苦情や問い合わせに対して広告を審査する日本広告審査機構（JARO）は、こうした流れのなかで広告主や広告業界、メディア企業などが集まって生まれたものだ。以来マスメディアは、法令を守るだけでなく、広告を消費者の信頼に値するものとするため、さまざまな自主規制のためのルールを作ってきた。

　しかしインターネットは自由な情報空間として誕生・発展してきたため、ネットビジネスの分野でもより自由と自己責任を重んじる考え方が一般的に受け入れられ、大きな影響力をもっている。

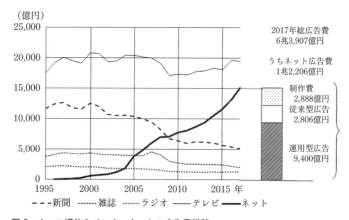

図2 4マス媒体とインターネットの広告費推移
(出典：電通『日本の広告費』〔http://www.dentsu.co.jp/knowledge/ad_cost/〕)

このため、質の低い情報が発信されそこに広告も配信されること、記事と広告の区分がややあいまいになっていることなど、これまでマスメディアが積み重ねてきた工夫とは相いれない慣行が成立した。ステマも、不正行為を辞さない事業者によっておこなわれている。ソーシャルメディアで個々のコンテンツがばらばらに切り離され、拡散の過程で編集や改変がおこなわれながら入り交じって流通するなかで、ルール間の摩擦が顕在化したのである。

異なる情報源や異なる分野の情報は、それぞれ背景に、どんな人を対象としているか、どの程度信用していいか、どのような点に気をつければいいかなど、固有の前提やルールがある。これまでそれらは別個に流通していたため、人々はそうしたルールを使い分けて情報をやりとりすることができた。しかし、新たな技術と事業者によって広告をめぐる環境が変化した結果、期待との齟齬や誤解を生む「ルール間の摩擦」が起きるようになった。

ステマも、個人間コミュニケーションに適用される表現の自由と、商行為としての情報発信である広告に求められる情報開示の

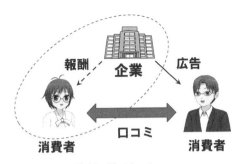

図3　ステルスマーケティングはなぜ許せないか
※同じ立場の「仲間」だと思って信用していたほかの消費者が、実は企業から報酬を受けていたことを知り、「だまされた！」という感覚が生じる

責任という2つのルール間の摩擦といえる。消費者からみれば、これは非営利として信頼していた領域に営利行為がひそかに入り込んだものにほかならない（図3）。ネットでのコミュニケーションは、善意による無償のやりとりを前提とする行為、行動経済学でいう「社会規範」に基づく非ビジネス的行為として位置づけられてきた。これに対してステマは、金銭的動機に動かされる「市場規範」に基づくビジネス的行為であるにもかかわらず、表面上は「社会規範」に基づくコミュニケーションであるかのように装われていて、ルールの違いを悪用した行為といえる。社会規範に基づいて人々が行動している場に市場規範が持ち込まれると社会規範が大きなダメージを受けることは、実験でも確かめられている(5)。ステマに対するネットユーザーの憤りは、自らのコミュニティーでのルールの毀損に向けられたものなのである。

5 │ 広告主の役割

　ルール間の摩擦は、消費者保護の観点から望ましくない。こう

した状況にどう対処すればいいのだろうか。

　口コミに関しては、口コミマーケティング事業者などが2009年にWOMマーケティング協議会（WOMJ）を設立し、「関係性の明示」「偽装行為の禁止」などを掲げるガイドラインを定めている。15年にはインターネット広告推進協議会（JIAA）が「インターネット広告掲載基準ガイドライン」を改定し、広告であることの表示を求める「ネイティブ広告における推奨規定」を新たに策定した。事業者団体による自主規制は、法令による規制よりもタイムリーな対応が可能ではあるが、その団体に属さない事業者に及ぶものではない。マーケティング業界には大小さまざまな企業があり、一つのキャンペーンに複数の事業者が関与するのが通例であるため、その全体にわたってルールを徹底させることは必ずしも容易ではない。インフルエンサーまで浸透させるのはさらに困難である。

　消費者庁は、ステマを景品表示法上の問題事例に追加したが、事業者の自主的な取り組みを見守るとして、新たな法整備には慎重な考えを示している(6)。法規制を求める声はしばしば聞かれるが(7)、表現の自由を直接的に制限する「劇薬」であり、安易に用いるべき手段ではない。

「ルール間の摩擦」に対して、法規制だけで対処することは難しい。技術の発達やビジネスの多様化が急速に進むため、後追いの手段では追いつかないというだけでなく、それぞれの分野では合理的な根拠があるものとして受け入れられてきたルール同士が衝突したときにどちらを優先するかは必ずしも自明ではなく、したがって規制も不十分なものにとどまらざるをえないからである。さまざまな当事者が関与し、技術的な手段や自主的なルールなど、多様な手法を組み合わせて、実効性がある仕組みを作り上げていく共同規制（第12章「共同規制」を参照）という方法もある。

　そのなかでも中心的な役割を果たすのは、事業者による自主的

な取り組みだろう。「YouTube」では2017年、ヘイトスピーチを発信する動画に大手ブランドの広告が表示されていると報道されたことをきっかけに、数多くの企業が広告を引き揚げる事態が生じた。不適切なコンテンツへの広告配信によって広告主のブランド価値を損なうことは、メディアや広告の事業者にとって自らの収入を失うリスクに直結する。

　法的規制や業界の自主ルールが無力というわけではない。しかし、その効力に限界があるとすれば、市場メカニズムに根ざした対応が必要である。

　その意味で重要なのは、広告主企業自身の対応だろう。広告を作り、発信する作業自体は業界の専門事業者に依存する部分が大きいとしても、広告が消費者の反発を呼んだ場合、その影響は広告主企業にも及ぶからである。運用型広告の普及により、広告を原因とする企業や製品のブランドイメージ毀損リスクにどう対処するか（ブランドセーフティ）は、広告主にとってかつてないほど重要な課題になった。広告配信先の検証（アドベリフィケーション）サービスが普及し始めているのも、そうしたニーズが顕在化したからである。広告主の意識が高まれば、メディアや広告の事業者も対応せざるをえなくなる。

　一方、ステマが広告主企業の要望によっておこなわれる場合も、現場では少なくないとされる。マーケティング事業者が広告主から要求された場合、交渉上弱い立場にある事業者がルール違反を犯してしまうことは十分ありうるが、広告主にとって、不公正な手法でマーケティング活動をおこなうことのリスクは、かつてないほど増大している。ソーシャルメディア上で批判が自社に向いたとき、それはかつてよりはるかに広く深く、消費者に浸透する。マーケティング業界の自主規制も法規制も、その意図は消費者が適切な情報に基づいて選択できるようにすることにある。消費者の口コミがマーケティングに使われるようになったいま、口コミ

もまた、広告と同じように、消費者をだますものではないことが求められる。

　技術の進歩によって、ネットでの個人の情報発信力は増大し、また事業者がとりうるビジネス上の手法も急速に多様化している。同時にこれまで別個とされてきた領域との接近や融合によって、ルール間の摩擦が起きている。これまで業界の「常識」だった商慣行が、短期間にそうでなくなる可能性が常に存在するのである。広告主自身が、マーケティング活動にまつわるリスクを自社のリスクとして把握し、リスクマネジメントとしてマーケティング活動の適正化に努めていくことが求められている。

考えてみよう

❶ インターネット上の口コミを参考にしたことはあるだろうか。もしあるなら、それはどんなとき、どんな人の、どんな口コミか、思い出してみよう。なぜその口コミを参考にしたのだろうか。

❷ フェイクニュースやヘイトスピーチの疑いがある記事を見たことがあるだろうか。それはどのようなメディアで、そこにはどの企業やブランドの広告が出ているだろうか。そうした広告を見たとき、その企業やブランドに対するイメージは変わるだろうか。

❸ インターネットやソーシャルメディアをそれまで利用されていなかった領域に利用することで利便性が増した例、新たな問題が発生した例を探してみよう。そこに「ルール間の摩擦」はあるだろうか。あるとすれば、それはどのようなものだろうか。

| 注 |

(1) 博報堂DYメディアパートナーズメディア環境研究所「メディア定点調査2018」(http://mekanken.com/mediasurveys/)
(2) 佐藤尚之ほかのSIPSモデル、鈴木謙介のIPPSモデル、山口浩のAISCAモデルなどが提唱されている。
(3) 「食べログ事件で明るみ、巧妙な"ステマ"の実態――芸能人を使った方法も」「東洋経済オンライン」2012年2月7日付(http://toyokeizai.net/articles/-/8527)
(4) 企業から詳細な情報を直接発信できるオウンドメディア、高価だが拡散力が強いマスメディア(ペイドメディア)、消費者と持続的な関係を構築できるソーシャルメディア(アーンドメディア)の3つを組み合わせて用いるべきとする「トリプルメディア論」が提唱されている。
(5) ダン・アリエリー『予想どおりに不合理――行動経済学が明かす「あなたがそれを選ぶわけ」』熊谷淳子訳、早川書房、2008年
(6) 消費者庁長官記者会見(2012年12月19日)
(7) 日本弁護士連合会「ステルスマーケティングの規制に関する意見書」2017年2月16日(https://www.nichibenren.or.jp/activity/document/opinion/year/2017/170216_2.html)

| 文献ガイド |

山本晶
『キーパーソン・マーケティング――なぜ、あの人のクチコミは影響力があるのか』
東洋経済新報社、2014年

　口コミがどのように広がるか、それをマーケティングにどのように生かすのかについて、学術と実務の両面からまとめている。

河井孝仁／宇賀神貴宏／WOMJメソッド委員会編著
『炎上に負けないクチコミ活用マーケティング』
彩流社、2017年

　WOMマーケティング協議会による、口コミマーケティング活用のためのテキスト。WOMJガイドラインも掲載。

広瀬信輔
『アドテクノロジーの教科書──デジタルマーケティング実践指南』
翔泳社、2016年

　アドテクノロジーの解説本。やや難しいかもしれないが、巻末の用語集を引きながら読んでみるといい。

第6章

政治
すれ違う政治と有権者、理想なきインターネット選挙の解禁

西田亮介

> **概要**
>
> 日本では2013年に公職選挙法の改正がおこなわれてはじめて、政治にソーシャルメディアが活用される土壌が整った。日本の政党と政治家は、選挙運動や日常の政治活動にソーシャルメディアを導入し、情報発信の戦略と戦術を高度化させている。ただし、受け手がリテラシーをおのずと改善する合理的理由は乏しく、フェイクニュースの流通やプロパガンダの高度化、社会の分断などの要因にもなっている。本章では、日本でのソーシャルメディアと政治の現状と諸問題、関係性の見取り図を描く。

1 │ 理念なきネット選挙の解禁

　2013年に公職選挙法という選挙運動を規定する法律が改正されたことによって、インターネットを活用した選挙運動が認められるようになった（以下、ネット選挙と表記）。なおパソコンやスマートフォンなどの機器を用いて電子的に投票する電子投票は認め

られていない。

　ネット選挙の実施に関しては「技術が社会（選挙）を変える」という楽観論があった。新しい技術の利用を推し進めれば、低迷を続ける投票率は改善し、人々の間から新しい公共性が立ち現れてくるという議論である。これらはインターネット黎明期のアメリカにおける自由至上主義的な議論を、各種の前提条件が異なった日本に当てはめたものでもあった。だが、日本のネット選挙解禁は、法改正によって目指すべき価値観が明確ではなく、少なくとも有権者から見ると「理念なき解禁」だった(1)。事実、日本のネット選挙は本稿執筆時点でも在外邦人や洋上投票などの例外的なネット投票の検討は始まったが、政党優位の制度設計は従来どおりである。

　ネット選挙への動きは、1996年に当時の新党さきがけが、選挙事務を所管する旧自治省（現総務省）に対してウェブサイト利用の可否について問い合わせたことから始まった。この際、ネットの利用は公職選挙法が制限する「文書図画」であると判断され、事実上その利用が認められてこなかった。その意味では2013年の公職選挙法改正は、ネット選挙解禁の実に20年近い歳月を経た到達点（アウトプット）だったといえる。

　それでは、日本のネット選挙解禁は、政治にどのような成果（アウトカム）をもたらしたのだろうか。2013年の福岡県中間市の選挙を皮切りに、国政選挙では、13年の参議院議員選挙（以下、参院選と略記）と、14年の衆議院議員選挙（以下、衆院選と略記）から、公式にネット選挙が活用されることになった。

　まずは投票率に注目したい。ネット選挙の「成果」は、当初の大きな期待と比べて芳しいものではなかった。日本で初めてネット選挙に適用された中間市の市議選の投票率は43.64パーセントだった。この数字は、当該市議選のなかで過去最低だったことが知られている。国政選挙である2013年参院選の投票率は52.61パ

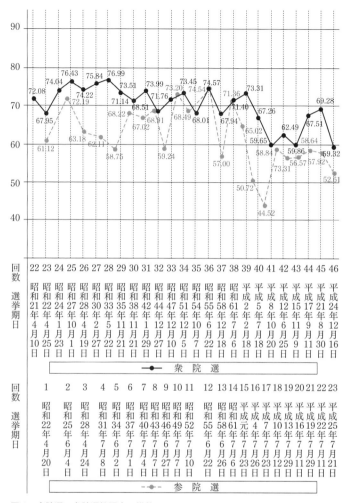

図1 衆院選・参院選投票率の推移
(出典:明るい選挙推進協会「衆議院議員総選挙投票率の推移〔中選挙区・小選挙区〕」〔http://www.akaruisenkyo.or.jp/2014syugi/syugi2014_votingrate/3535/〕と「参議院議員通常選挙投票率の推移〔地方区・選挙区〕」〔http://www.akaruisenkyo.or.jp/2016sangi/2016sangi_votingrate/6089/〕から作成)

ーセントで、過去3番目に低いものだった。14年衆院選の投票率は52.66パーセントで戦後最低だった。

　投票率について見ると、当時メディアをにぎわし、またネット選挙導入を強力に後押しした「ネット選挙解禁で、投票率が上がる」という言説も、いまのところ空振りで終わっている(2)。図1は、過去の衆院選の投票率と同じく参院選の投票率だが、ネット選挙の導入や普及とは無関係に推移している。なお、事前に期待された若年世代の投票率改善についても、現状では特にその傾向は観察されない。

　ネットも含め政治家の情報発信量が増加したとしても、それが直接有権者に届くわけではないし、それはいまも変わらない。明るい選挙推進協会が発行する『第23回参議院議員通常選挙全国意識調査』(2014年)には、選挙の情報を得るためにネットを参照したかを問う項目がある(Q.20)。「利用しなかった」「わからない」を合わせると、81.3パーセントになる。有権者の選挙や政治に対する関心が低い場合、自ら情報を取りにいく「プル型メディア」とされるインターネットを利用した積極的な情報収集にはつながらなかったと考えられる(3)。日本の場合、政党や候補者はソーシャルメディアを利用するようにはなったが、政党優位の公職選挙法の立て付けに変化は見られない。国政選挙に顕著な変化をもたらしたとも言いがたく、例えば一連のバラク・オバマのアメリカ大統領選挙で見られたような、ITを駆使した新しい草の根の寄付活動や、明示的でわかりやすい政治や選挙の変化の創出には至っていないといえる。

　事前に期待された選挙に関するコスト低減効果も明確にならなかった。前述のように、ネット選挙を従来型の選挙運動に追加しただけだからである。従来の選挙運動をやめたり置き換えたりするものではなく、費用も上乗せになっていると考えられるし、選挙コンサルタントらもそのような発言をおこなっている。ノウハ

ウの不足から、ネット選挙の運用はIT系企業や専門のコンサルタントに委ねる習慣が定着しつつある。日本のネット選挙は、投票率と選挙費用のいずれの観点でも、事前の予想と反対の方向に進んでいる。

2 │ 政治とメディア「慣れ親しみ」の終焉

　ネット選挙の解禁によって、政治と有権者が近づくことはなかったが、政治側は変化するメディア環境に急速な対応を見せている。その手法を自民党の対応を中心に紹介する。日本の政党で組織としてもっともメディア戦略に注力してきたのは自民党であり、野党の取り組みは必ずしもメディア戦略に限らず体系的なものとさえ評価しがたい現状である。

　ソーシャルメディア以前は、マスメディア、特にテレビの影響力に政治は注目していた。いわゆる「テレビ・ポリティクス」の時代には、テレビの前でどのようにアピールするかが問われた。2005年の衆院選、いわゆる郵政解散の際にはブログイベントもおこなわれたが（第1章「歴史」を参照）、多大な資金が投入されたのはテレビキャンペーンだった。「郵政民営化TVキャラバン」は、04年末から05年にかけて、26都道府県の27のテレビ局で28回放送された。マスメディアは政治を報道し、権力を監視する役割をもつが、同時に政治広告のツールでもある。

　そもそも、郵政改革は政治──なかでもテレビ政治──が作り出した争点だったともいえる。もともと一般の有権者はあまりこの問題に関心をもっていなかったからだ。2004年に朝日新聞社が実施した世論調査で、「新しい内閣で一番力を入れて欲しいことは何ですか」という質問に対し、「郵政改革」と答えた回答はわずか2パーセントにすぎなかった(4)。だが当時の有権者は、

政権が注力するこのテーマに関連して新聞やテレビで大量の広告を見ることになったのである。

このアプローチは功を奏したかに見える。確かに2005年の衆院選が「郵政選挙」と呼ばれるように、この選挙の争点は「郵政民営化是か否か」を問うものだったといわざるをえない。小泉純一郎率いる自民党はこの選挙に大勝した。しかしながら、予算をばらまき、マスメディアを通して政策を訴求する広報手法の限界も明らかになり始めた。速度が速い接続回線（ブロードバンド）の普及をはじめとするインフラ面の充実と、ブログが登場したことでインターネットがアーリーマジョリティーだけでなく一般の生活者にとっても受信のツールから発信のツールにも変わり始めたソフト面の変化が重なり、日本でもインターネットの存在感がひときわ増し始めたからである。

また、テレビ広報の戦略と手法に対する批判も自民党の変容を促した。一つはいわゆる「B層」マーケティングである。当時、自民党は、政治については具体的なことはわからないが小泉総理のキャラクターを支持する層を「B層」と位置づけ、そこにアプローチするという提案をPR会社から受けていたことが批判の対象になった。もう一つは、政府が実施したタウンミーティングでのやらせの発覚である。政治家と有権者が直接話し合うタウンミーティングで、事前に依頼を受けた人が発言し、謝金の支払いさえおこなわれていた。

これらの問題から、自民党はソーシャルメディアを活用したより洗練されたスマートな広報戦略と戦術の開発に注力するようになった。2000年代の自民党は、昭和の時代から続く、メディアと政治の双方がお互いのことをよく知って密接なコミュニケーションをし、中長期にわたって両者の利害が均衡する「慣れ親しみ型」と、ソーシャルメディアとスマートフォンを駆使する新たな手法が入り交じる過渡期にあった (5)。

3 | 高まるビジネスの影響力

　より洗練された、ソーシャルメディア時代の政治、選挙広報を支えるのは、「スピン・ドクター」と呼ばれる専門の選挙コンサルタントである。民意を分析し、自陣営に有利な戦略、戦術を提案する職業である。アメリカの大統領選挙は「マーケティング界のF1」などと呼ばれ、最先端の戦略、戦術が多額の予算のもと導入されていることが知られているが、選挙運動でのマーケティング的手法の導入は20世紀からおこなわれていた。そこではスピン・ドクターたちが職業として采配を振っている。キャッチコピーを考え、着る服を選び、露出する媒体を選定し、演説のワーディングをサポートする。日本でも個人や中小企業、大手広告代理店などがスピン・ドクターに相当する役割を担ってきた歴史がある。その最新系は Instagram のコンサルティングだろうか。

　選挙や政治で活用された経験の乏しいメディアの普及は彼らにとっては大きなビジネスチャンスである。オバマ大統領がその選挙キャンペーンで、「My.BarackObama.com」というキャンペーン用 SNS を制作し、プロモーションやキャンペーンのチャンネルとしてネット動画を重視し、データ分析の専門家のアドバイスを受けていたことはよく知られている。国内でも同種のソーシャルメディアの政治活用を指南する新しいスピン・ドクターが多数出現している。ネットの利活用ということでは、各種アカウントの運用、写真や短篇動画の撮影、編集、企画立案、データ分析とデータを活用した戦略立案、キャンペーンのためのアプリ開発などが新しいビジネスチャンスになった。

　日本では、2013年のインターネット選挙運動がはじめて適用された国政選挙である参院選で、自民党が電通や多くの IT 企業とともに「TruthTeam (T2)」という組織のもと、マスメディア

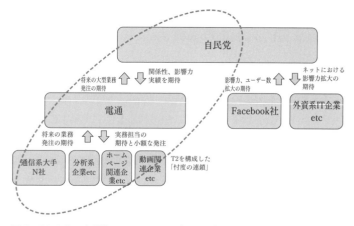

図2 2013年の自民党のソーシャルメディア対応体制の概念図（筆者作成）

／ネットからのデータの収集・分析、知見の各選挙対策本部への提供をおこなう体制を構築していたことが知られている(6)。自民党は組織内に「情報収集→分析→フィードバック→次の情報発信」を実施する体制を構築したのである。T2は、24時間態勢で炎上監視・対策をおこない、対象はソーシャルメディア、候補者のアカウント、掲示板など45万件に及んだ。炎上リスクがある投稿は1,800件にのぼり、緊急性が高いものについては候補者の事務所に連絡した。なりすましにはアカウントを停止するなどの対応もおこなった。

　自民党は報道に対するネットの反応についての分析も実施していた。自民党に対するメディアの発信や反応を収集し、どのように対応するかをダッシュボードと呼ばれるタブレットの画面を通して、各選挙対策本部に配信した。原発再稼働問題がアジェンダとして浮上した際には、安全第一で原子力規制委員会の判断を尊重することを強調するように伝えている。

　なお、現代では規模の違いはあるが、与野党の大半で同種の取

り組みがおこなわれている (7)。このようなマーケットの存在からコンサルタントや企業は環境に適応し、新たなビジネスの機会を獲得する強力なモチベーションを有している。次章で取り上げる社会分断を引き起こしているともいえ、最近では批判も集まっている（第7章「キャンペーン」を参照）。

4 ｜ 高度化するプロパガンダ

　ソーシャルメディア時代の政治や選挙で、政党や政治家は、情報技術を通じて得られるようになったデータを分析し、その結果と知見をオンライン／オフラインの選挙運動に還元している。その姿は「データ駆動型政治 (data-driven politics)」と評することができそうだ。そして、それは有権者のポジティブな印象とデータの獲得をめぐる戦いでもある。このようなデータ駆動型政治は高度化する政治、選挙ビジネスと社会の分断、すなわち新しいプロパガンダの様相を呈している。その現状についてソーシャルメディアが所与のものになった、それらが国境を越えるなかで急速に問題視されるようになった「シャープパワー」という概念と、ケンブリッジ・アナリティカをめぐる事件の経緯を紹介する。

　2017年に全米民主主義基金 (National Endowment for Democracy：NED) というシンクタンクが、言論の自由など民主主義国固有の特徴がもつ脆弱性を逆手に取って民主主義の基盤を脅かす「シャープパワー (Sharp Power)」の危険性を指摘し、国際論壇で注目を集めるようになった (8)。非民主主義国が主に情報技術などを活用して、不正手段を用いて虚偽の情報をばらまいては敵対する国を攪乱するといった行為が具体例としてあげられる。

　もちろん、フェイクニュースの流通規制は技術的には必ずしも不可能ではない。政治がそのような行為に規制をかけることもま

政治　105

た同様だ。だが、安易な規制は言論（表現）の自由といった民主主義の基盤的価値を顕著に毀損しうることは自明である（第3章「法」を参照）。かといって、ソーシャルメディア上に大量に流通する人為的な虚偽情報などの不安感情で扇動された人々の政治的選択にもまた不適切な選択のリスクがある。

　もう一つ、ソーシャルメディアの政治利用に関する問題の重要な火付け役になったのが、ケンブリッジ・アナリティカと「Facebook」からの情報流出をめぐる一連の疑惑だった(9)。「Facebook」は言わずと知れた世界中で活用されているSNSで、ケンブリッジ・アナリティカはイギリスに本社を置く選挙コンサルティング企業である（以下、CA社と表記）。同社はデータ分析を武器として、広告（キャンペーン）と政治（選挙）の2部門を有していた。CA社は世界中でビジネスを展開し、アメリカ大統領選挙ではトランプ陣営につき、イギリスのEU離脱の是非を問う国民投票ではEU離脱肯定派についた。

　個人情報の収集目的は学術的な利用のためとされていたが、最大約8,700万人の個人情報が流出してロシアのプロパガンダ広告に利用されるなど、アメリカ中間選挙のプロモーションに不適切なかたちで活用された可能性があるといわれている（第2章「技術」を参照）。ソーシャルメディア上での利用者のクリックやその他のエンゲージメント、書き込み、位置情報、アップロードした写真などから、対象者の嗜好傾向をかなりの精度で推測できるようになったことはマーケティングの世界ではよく知られているが、同じ手法を政治や選挙に応用することで民主主義の土台が危機に瀕している。前述のように、規制行為自体が危機を増長しかねないことからしてもわかるように、これは単に技術にとどまる問題ではない。

　もちろん実際にはソーシャルメディアを用いた動員やフェイクニュースの流通がどの程度選挙結果に影響したかにはよくわから

ない点が多数ある。ソーシャルメディアで流通する言説が利用者の意思決定や投票先の決定に明らかに影響し、さらには投票結果にまで影響したことを実証した研究は、調べたかぎり現状ではあまり公開されていないからだ。とはいえ、事実、アメリカに対するソーシャルメディアを通じた介入については、イランや中国、ロシア、北朝鮮などの存在も指摘され、問題はより深刻さを増している。Facebook 社も国際会議を開いたり、アカウントの削除やタイムラインへの第三者アプリからの書き込み制限を厳しくしたりするなど対応に追われているが、効果は定かではない。日本についても憲法改正の機会などへの介入可能性は否定できない。事後的な対応の難しさもあるため、いまから実情を精査し、規制のあり方を含めて将来的な影響の顕在化に備えるに越したことはないはずだ。

　それはまさしく本書のほかの章でも扱われる、ソーシャルメディアが当たり前になり、人工知能や機械的なエージェントを通じた情報収集、パーソナライズが常態化する社会での言論の自由と、「健全な」民主主義（そもそもこの文言自体が論争的である）を両立させる規制やリテラシーの設計ということにほかならない。

5 ソーシャルメディアと政治の未来

　本章で垣間見てきたように、政治やビジネスはとかく彼らの目的に合致する情報化とそれを通じた影響力拡大を模索している。それに対して生活者は受け身になりがちである。すでに述べたように、2015年の公職選挙法改正で投票年齢が満20歳以上から満18歳以上にまで引き下げられたにもかかわらず、国政選挙では投票率の低迷が続いている。低投票率は若年世代ほど顕著である。このような傾向は長らく変わらず、若年世代の投票率は以前より

も低下さえしている。「自分の一票が政治や選挙を変えうる」という主観は政治学では政治的有効性感覚（Political Efficacy）と呼ばれ概念化されている。日本の場合、この政治的有効性感覚の低さが指摘され、平たくいえば「社会の政治離れ」は否定できない。

規範的にとらえるなら、市民は政治に関心をもつべきといえるが、現実には私たちは政治参加、それどころか政治理解にそれほど強いモチベーションを有しているとは言いがたい現状がある。もちろん現実の——特に現在進行形の——政治的課題や政治的価値を過剰なまでに忌避してきた政治教育上の歴史的課題なども影響しているが、要するに大半の生活者は政治に対して受動的になりがちである。

かつてインターネットのメディアとしての特徴を称して、マスメディアが情報を一方的に送りつけてくるプッシュ型であるのに対して、インターネットは自ら引き出しにいくプル型であるという説明がなされていたことがある。だが、情報の転送が容易で、プッシュ通知などを用いて特定情報を受け手に認識させるソーシャルメディアはこの説明の妥当性を不透明なものにしている。情報量と情報接触頻度・機会が激増し、媒体の信頼性に対する自明性が損なわれていくなかで、伝統的なメディア・リテラシー理論の情報に対する日常的な懐疑と検証の要請は、理念的にはさておき実践的には機能不全を起こしつつある。

「第4の権力」などと呼ばれるジャーナリズムは本来、権力監視を存在理由としている。近年のメディア環境の変化のなかで、特にマスメディアに立脚した伝統的ジャーナリズムは世界各国で苦境に立たされている。メディアの重心がマスメディアからインターネットやソーシャルメディアに移るなかで、発行部数などの減少に伴う存在感の低下もさることながら、長い時間をかけて築き上げた社会でのマスメディアに対する「信頼感」が揺らぎメディアの序列が変動しているのが最近の傾向である。その変動はマス

メディアのうえで展開される伝統的ジャーナリズムにも影響しているはずだ。発表媒体の廃刊、ジャーナリスト育成環境の未整備といった問題が顕在化している。

　先進国では20世紀後半までにすでに克服したと思われていた、民主主義の土壌としての表現の自由や活況なジャーナリズムの尊重という規範も、アメリカ大統領が特定のメディアをフェイクニュースと名指しで批判するなど自明のものではなくなりつつある。

　世界に目を向ければ、データアナリストのネイト・シルバーがオンラインメディアや伝統的メディアとコラボレーションしながら分析技術を駆使して、アメリカ大統領選挙の各選挙区の勝敗を高い精度で予測し注目を集めた (10)。ピューリッツァー賞のような権威ある賞を NPO やオンラインメディアが受賞するなど、世界的に見れば、インターネットやソーシャルメディアを駆使したジャーナリズムのグッド・プラクティスは多数見受けられる。

　ただし、日本の場合、歴史的経緯のなかで、新聞とテレビがジャーナリズムとジャーナリストを過剰なまでに独占してきた。新聞・テレビが世界的に稀有な発行部数と視聴者数を有してきたこともあって、インターネットやソーシャルメディアへの適応は明らかに遅れている。前述の、公選法改正以後、政治主体が貪欲に環境適応を見せているのに対して、日本のジャーナリズムの変化の遅れは際立っている。職業として見たときに、個人商店の政治の世界と比べて、会社勤めで安定した職業ジャーナリストが主流であることも、政治とジャーナリズムの温度差と無関係とはいえないだろう。

　最近では、IT に強い問題意識をもつ新聞記者らのネット企業への転職が相次いでいる。また制作現場での情報源としてもインターネットやソーシャルメディアは存在感を増している。だが、本章執筆時点では、日本ではインターネットやソーシャルメディアを活用した安定した、そしてマスメディアと同等かそれ以上の

政治　109

影響力をもった強力なジャーナリズムの担い手は必ずしも明白とはいえない。実効的な権力監視の担い手が問われている。

とはいえ、「ネットでは政策論争ができない」「ネット選挙解禁は意味がなかった」と結論づけるのは、いささか早計にすぎる。ソーシャルメディア時代のネットと、ネット選挙に何を期待し、何を求めるかによって、変わってくるものである。換言すれば、「理念なき解禁」を越えて、公選法だけでなく政治資金規正法や放送法の改正も射程に入れた、ネット投票や規制の整合性を含めた日本版ネット選挙のあり方と制度設計の議論が現在進行形で改めて求められている。

考えてみよう

❶ あなたが政党や政治家ならソーシャルメディアや新しいメディア技術を使って、どのような情報を、何を目的にして発信しますか？ またその理由はどのようなものですか？

❷ 政党や政治家の情報発信戦略や戦術、手法が高度なものになっていくなかで何に注意する必要があり、どのように一般的な生活者は対応するべきだと考えますか？

❸ 政党や政治家のソーシャルメディアを含む新しい情報発信に何らかの規制が必要と考えますか？ それとも規制は必要ないと考えますか？ 理由とともに考えてみてください。

注

(1) 西田亮介『ネット選挙——解禁がもたらす日本社会の変容』東洋経済新報社、2013年、参照

(2) ネット選挙がごく一般的なものになった現状を考慮すると、今後もネット利活用（だけ）で投票率が上がったという因果関係を見いだすことは難しいだろう。

(3) ただし、検索中心のインターネットからソーシャルメディアの役割が大きくなった現代のインターネットも、本当に「プル型」メディアと呼べるかどうかは熟考する余地がある。
(4) 「新内閣に一番望むこと、年金と景気で8割 朝日新聞社緊急世論調査」(「朝日新聞」2004年9月29日付) に掲載。
(5) 西田亮介『メディアと自民党』(〔角川新書〕、KADOKAWA、2015年) を参照のこと。
(6) 自民党の「TruthTeam (T2)」などの取り組みについては、同書および同『情報武装する政治』(KADOKAWA、2018年)、小口日出彦『情報参謀』(〔講談社現代新書〕、講談社、2016年) などを参照。
(7) 前掲『情報武装する政治』では、執筆当時の衆議院主要5政党の政党広報に取材して作成した広報活動に関する事例分析を収録した。
(8) "SHARP POWER: RISING AUTHORITARIAN INFLUENCE": NEW FORUM REPORT (https://www.ned.org/sharp-power-rising-authoritarian-influence-forum-report/)
(9) Zoe Kleinman, "Cambridge Analytica: The story so far" *BBC News*, 21 March 2018. (https://www.bbc.com/news/technology-43465968)
(10) ネイト・シルバーは野球のパフォーマンス予測システムを開発し、選挙予測に進出して正確さで衝撃を与えた。ただし、2016年アメリカ大統領選挙の勝敗予測には失敗した。著書に『シグナル&ノイズ──天才データアナリストの「予測学」』(川添節子訳、日経BP社、2013年)。サイトは "Five thirty eight" (https://fivethirtyeight.com/)。

文献ガイド

キャス・サンスティーン
『インターネットは民主主義の敵か』
石川幸憲訳、毎日新聞社、2003年

　情報法や行動経済学をはじめ多くの分野で活躍する、アメリカの憲法学者の著作。技術主導の楽観論が全盛の時期に、インターネットが民主主義に危機をもたらす可能性について警鐘を鳴らした。ソーシャルメディアに関連して、『#リパブリック──インターネットは民主主義になにをもたらすのか』(伊達尚美訳、勁草書房、2018年) などの関連著作もある。

ジョナサン・ジットレイン
『インターネットが死ぬ日──そして、それを避けるには』(ハヤカワ新書juice)、
井口耕二訳、早川書房、2009年

インターネットの可能性を担保してきたのは、多様性と寛容性だった。それらが失われようとするときに、インターネットがもっていた創造力はどうなるのか。ビジネスモデルや欲望、制度設計、そして人々の創造力が相互作用するなかで、必ずしもエンジニアが企図した方向に進むわけではないことを示唆した。

西田亮介
『メディアと自民党』(角川新書)、
KADOKAWA、2015年

2000年以後の日本の政党と情報化、その戦略と戦術を自民党中心に描き出す。本章で紹介した自民党の情報化を中心に豊富な事例とともに、主に00年代以後の日本政治の情報化を論じる。続篇にあたる『情報武装する政治』(KADOKAWA、2018年)では、自民党以外のほかの政党が自民党を追従するさまを紹介する。

第7章

キャンペーン
ソーシャルメディア社会の透明な動員

工藤郁子

> **概要**
>
> 情報化によって人と人とのつながりが変わった。人と社会のつながりも変わろうとしている。「アラブの春」では、ソーシャルメディアの登場によって個人であっても多くの人々を動員できるキャンペーンの可能性が広がったとされた。しかし、多数に支持されるものが「正しい」とはかぎらない。また、本当に「多数」なのかも不明だ。見えにくいところで世論が誘導され、気づかないうちに動員されていることが明らかになってきた。

1│個人を動かすキャンペーン

11月11日は「ポッキー&プリッツの日」。江崎グリコが1999年（平成11年）に設定した記念日は急速に浸透し、中学生から20代の女性の認知率は9割を超える。このキャンペーンに参加した読者も多いのではないか。

また、2013年に江崎グリコは「Twitter」上で「ポッキー」で

つぶやき世界新記録を狙うキャンペーンをおこない、370万以上のツイートを得て、ギネスに認定されている。

「記念日マーケティング」は古典的手法である。土用の丑の日、バレンタインデー、母の日などが代表例だ。ただ、記念日を浸透させる手段は、チラシや店頭での告知、テレビコマーシャルなどに限られていた。「みんながやっている」という主流感を作るには、時間と費用が必要だった。しかし、ソーシャルメディアの浸透によって、新たな動員の手法が加わった。参加の手軽さ、盛り上がりの視覚化は、大きな利点である。

もっとも、このキャンペーンは消費者の口コミを検証したという点に最大の特徴がある。口コミは、購買意欲を左右する要因の一つであり、これを利用した販売促進手法を「バズ・マーケティング」または「バイラル・マーケティング」という（第5章「広告」も参照）。これも古くからおこなわれてきたが、人の口から口へと伝わるという特性から、その波及効果を把握しにくく、寄与度の検証が難しいという課題があった。

ソーシャルメディアによって、友人・知人のつながり（ソーシャルグラフ）とやりとりの一部が可視化された。つぶやきがどのくらいの人の目にふれたか、どんな反応があったかなどの波及効果を測定できるようになったのである。

すでにふれたとおり、「ポッキー」でつぶやくキャンペーンには370万以上のツイートが寄せられた。実数は公表されていないが、その数倍のフォロワーが関連ツイートを閲覧したとみられる。2013年11月11日の「Twitter」ユーザー全体のポッキー購入率は、キャンペーン前の4倍にまで上昇した。「ツイートをした」グループだけでなく、「ツイートを見た」だけのグループでも、2.2倍上昇している(1)。

こうしたデータを基に、より費用対効果が高い洗練されたキャンペーンがこれからも企画されるだろう。口コミが測定可能にな

ったことで、どんな単語とともに語られたか（関連語分析）、伝達経路のなかで誰がいちばん影響力をもっていたか（インフルエンサー分析）などが定量的に検討でき、次の企画に生かせるからだ。

2｜社会を動かすキャンペーン

　本章にいう「キャンペーン」とは、特定の目的を達するため、意思決定者（decision maker）へ影響を与えるべく多数にはたらきかけることをいう(2)。キャンペーンは、社会のいろいろな場面で使われている。冒頭で紹介したように、多くの消費者に商品を買ってもらうようはたらきかけるのが、よく見かける例だ。しかし、実は政治的なキャンペーンも存在し、社会を動かしている。

　例えば、高木徹が『ドキュメント戦争広告代理店』で描写したとおり、キャンペーンは戦争さえ左右する。「民族浄化」で知られるボスニア紛争は、アメリカのPR企業が仕掛けたキャンペーンである。

　もともと同紛争に対する国際社会の関心は低かった。しかし、国家（ボスニア・ヘルツェゴビナ政府）と契約したPR企業が、報道機関やアメリカ政府と信頼関係を構築し、情報を提供したことで、一地域の紛争は、にわかに注目を集め始めた。さらにPR企業は、クライアントにとって有利な事実を適切なタイミングで伝え、セルビア人による「民族浄化」というフレーミングを用いて世界中の同情を集めた。結果として、ユーゴスラビア連邦への経済制裁やセルビア空爆などの武力行使を誘導したのである。

　なお、上記は陰謀のように見えるが、とりたてて秘匿された活動ではない。また、プロパガンダのように情報発信者が「正しい」とする見解を一方的に表明するものではなく、広報活動（public relations）として双方向性と自己修正性を有するものであ

表1　広報・宣伝・広告の比較

	public relations（広報広聴）	propaganda（宣伝）	advertisement（広告）
機能	納得 convince	操作 manipulate	説得 persuade
目的	信頼性の創出	所期決定の受容	特殊性の演出
シチュエーション	長期的	恒常的	即時的
心的作用	信頼性の高まり	脅迫的＝恩遇的	好意的

（出典：佐藤卓己「「プロパガンダの世紀」と広報学の射程——ファシスト的公共性とナチ広報」、津金澤聰廣／佐藤卓己編『広報・広告・プロパガンダ』〔叢書現代のメディアとジャーナリズム〕所収、ミネルヴァ書房、2003年、8ページ）

る（表1）。社会全体に与えた影響はひとまずおくとして、その仕事ぶりはPRのプロフェッショナルとして非常に真摯であることが、前掲書からはうかがえる。

3 │ 個人が動かすキャンペーン

　国家や政党、さらには組合や企業が世論にはたらきかけ、自己に有利な政策を実現するという例は、実は枚挙にいとまがない。
　こうした政治的キャンペーンは、特に隠されているわけではない。しかし、「普通の人」には、いささか遠い世界の話のように感じられるだろう。そもそも政治的キャンペーンの存在自体があまり知られていないうえに、実際におこなおうとしても、ジャーナリストや議員とつながりがないと会ってもらうことさえ難しい、後ろ盾となる組織がないと動員できず注目も集まらないといった課題があるからである。
　そのため、いままで政治的キャンペーンは、大きな組織がおこなうことがほとんどだった。しかし、ソーシャルメディアの登場によって、「普通の」一個人であっても多くの人々を動員できる

図1 「セクハラやじ問題」に関するオンライン署名

可能性が広がりつつある。

　例えば、2014年6月18日に東京都議会で起こった「セクハラやじ問題」。この事件は、塩村文夏都議会議員が、妊娠・出産に関する支援について一般質問をしていたところ、「自分が早く結婚したら」「産めないのか」といったやじが飛んだというものである。当初、やじの発言者は特定されておらず、議会運営委員会の委員長は、発言者の特定や処分をする意向を示していなかった。

　このことを知った都内在住の男性が、翌19日からオンライン署名サイト「チェンジ・ドット・オーグ（Change.org）」（https://www.change.org/ja）で発言者の特定と処分を求める署名を募り始めた（図1）。その結果、約24時間で3万件超の署名が集まった。

　オンライン署名を始めた男性は、政治的な組織・団体には所属していない。反響の大きさに「正直に言って、驚いている」と後日述べたほどだ(3)。

　ソーシャルメディアやメールなどを使わずに3万件の署名を集めるとなると、紙での回覧や街頭署名が主たる手段になる。少な

くとも数千人の構成員がいる組織に属していなければ、達成は難しいだろう。現に、署名を始めた男性は、自民党事務局に署名を届けた際、「どこの組織に所属しているのか」という趣旨の質問を何度も受けたという。

　しかし、ソーシャルメディア上で共感を得られれば、口コミで連鎖的に署名を呼びかけ、賛同者を集めることができる。署名サイトには、賛同したキャンペーンを「Facebook」でシェアできる機能が提供されていて、ワンクリックでキャンペーンを知らせることができる。友人・知人が賛同しているキャンペーンであれば信頼性は高まり、参加しやすくなる。先に紹介したバズ・マーケティングがここで応用されている。ソーシャルメディアは迅速かつ大規模な動員を可能にする手段を、個人にも与えたのである。

　6月23日、自民党東京都議連は発言者が鈴木章浩議員であることを明らかにし、また、鈴木議員自らが塩村議員に直接謝罪した。その頃には、署名サイトに8万7,000件の抗議の声が集まっていた。

　6月26日、参議院議員会館でイベント「9万人のクリック、その先は？　都議会セクハラ野次事件と今後の対策をみんなで考えよう！」がおこなわれた。当日は、署名をした約100人が集まった。会場には蓮舫参議院議員や福島瑞穂参議院議員も駆けつけ、NHKなど報道機関が取材した。主催者の一人であるチェンジ・ドット・オーグ日本代表のハリス鈴木絵美は、「ネット署名ですべてを解決することは難しい。その次のアクションをワークショップで考えていきたい」と述べ、グループワークがおこなわれた。一つの政治的キャンペーンが契機となり、リアルと接続するつながりが生じたのである。

　もっとも、キャンペーンには警戒すべき点もある。2010年末に起きた大規模抗議運動「アラブの春」は、エジプトの擾乱やシリアの内戦といった帰結を招いた。

ソーシャルメディアを用いたキャンペーンは、しばしばポピュリズムといわれる。しかし、ポピュリズムは民主的価値と表裏の関係にあり、キャンペーンには正負両方の側面がある。キャンペーンはその内容や目的によって、民主主義を歪めることもあれば、逆に、民主主義を助け、また、民主主義そのものを構成することもある(4)。

4 | 個人が動かされるキャンペーン

　先述したように、国家や政党がキャンペーンを用いることは多い。特に、アメリカの大統領選挙は「コミュニケーションのF1」と呼ばれている。F1グランプリで開発された新技術が、量産型車両に転用されることに由来する比喩だ。大統領選は、短期間に莫大な選挙資金を用いてキャンペーンの新技術を生んできた。

　例えば、2008年および12年のオバマ・キャンペーンでは、各種データを基に、個々の有権者の指向性をきめ細やかに把握し、統計的に分析するマイクロ・ターゲティングが発達した。クレジット・カードの購買履歴やソーシャルメディアの情報から、ある人物が、職歴がある30代の女性で、粉ミルクや紙おむつを定期的に購入していることを把握し、教育の充実を訴えるメッセージを送るというものである。

　バラク・オバマ陣営はソーシャルサイトも活用した。「マイ・バラク・オバマ・ドット・コム」を設置して、支持者同士の交流を促すだけでなく、オフラインでの活動につなげた。支持者であるユーザーの貢献レベル（集会参加回数、献金額など）を表示し、レベルに応じて支持者に実行してほしいミッションを提示。クリアすると貢献レベルを上げ、オンラインとオフラインをつなげた。

　前述したマイクロ・ターゲティングとの組み合わせもある。同

ウェブサイトでは、支持者が自宅にいながらほかの有権者に勧誘の電話ができる「フォンバンク・ツール」が提供された。そこでは、事前に登録されたパーソナル・データや時差を考慮したマッチングがされていて、東海岸に住む学生の支持者が勧誘の電話をかけるときは、自動的に東海岸の学生の有権者が表示された。オフラインでの活動を最適化する設計である。

こうした選挙キャンペーンでは、個人情報を利用するためプライバシーの問題が懸念される。特に、政治的見解や信条などの機微情報の扱いをどうすべきかは、喫緊の課題である。

もっとも、選挙キャンペーンには、民意が適切に反映される可能性があるという積極的側面ももつ。イタリアのシルヴィオ・ベルルスコーニ、フランスのニコラ・サルコジといった政治家は、理念やイデオロギーではなく、意識調査に基づく選好分析などを通じたマーケティングによって有権者が重視する課題を政策化している。また、2008年のアメリカ大統領選挙でオバマ陣営は630億円相当の資金を集めたが、その3分の2が潜在的政策需要の把握に使われたといわれる（第6章「政治」も参照）。潜在的な民意が把握できるのだとすれば、多少なりとも価値があるといえるかもしれない。

しかし、「民衆はいつも瞬時に判断しなければならず、もっとも人目を引く対象に惹かれざるをえない。このため、あらゆる種類の山師は民衆の気に入る秘訣を申し分なく心得ているものだが、民衆の真の友はたいていの場合それに失敗する(5)」というアレクシ・ド・トクヴィルの警句を思い起こせば、単純な楽観論はとれないだろう。

日本でも、2013年に「ネット選挙」が解禁されたこともあり、選挙キャンペーンの動向がより注目される（第6章「政治」を参照）。

5 | 社会が動かされるキャンペーン

　規制緩和や許認可など、政策と法令のあり方はビジネスに大きな影響を与える。そのため、企業や業界団体は、陳情・請願・意見提出などにより、政治家や官僚に直接はたらきかける。これを「ロビー活動」、またはガバメント・リレーションという。

　しかし、自社に有利な意見を自身で述べるとお手盛り感があり、なかなか聞き入れてもらえない。そこで、「おすみつき」を得るべく、「おおやけ」の議論を通じて世論を味方に付けるという発想が生まれる。世論を喚起・醸成することで国会・行政にはたらきかけ、合意形成を通じて特定の政策目標を実現することをパブリック・アフェアーズという。

　パブリック・アフェアーズは従来、新聞や雑誌などマスメディアを主戦場としてきた。現在では、ブログやニュースサイトなどでもおこなわれるようになってきていて、知らないうちに動員されている可能性がある。

　そのため、ステルス・マーケティングとも類似する透明性の課題がある（第5章「広告」も参照）。ヤフーの別所直哉執行役員社長室長が執筆した「旅館業法の怪」という記事について、別荘を個人間で貸し借りできる新サービスが行政の指導で中止になったことだけに言及し、自社サービスであることを明らかにしなかったことにふれながら、「事実関係を明らかにせず読者に行政批判を起こさせる(6)」と批判されたのは、こうした文脈に連なるものだろう。

　言論を介する以外に、アーキテクチャを介するものも存在する(7)。2010年、「Facebook」は社会学者と共同で大規模な社会実験をおこなった。アメリカ中間選挙の投票日、約6,100万人のユーザーのニュースフィードを対象に、「今日は投票日です」と

図2 「Facebook」による投票呼びかけの社会実験

いう特別メッセージを表示させたのである。ほかにも、すでに投票したことを申告するボタン、投票ずみユーザー数を示すカウンター、投票ずみの友達を最大6人分掲載した（図2）。その結果、投票呼びかけの表示がされなかったユーザーとの比較などによって推計すると、投票者は6万人増え、二次的効果を含めると34万人増加したとされる(8)。

ソーシャルメディアをはじめとするプラットフォームは、意思決定支援システムとしても機能している。例えば、「Amazon」の「おすすめ商品」で、いままで知らなかったが好みに合う本を見つけて買ってしまったりする。口コミだけでなく、プラットフォームのアーキテクチャにも人は影響を受ける。

2012年の大統領選でも「Facebook」で類似の実験がおこなわれた。190万人のユーザーのニュースフィードを対象に、大統領選投票日の3カ月前から政治・経済ニュースの表示回数を増やしたのである。対象ユーザーは、それ以外のユーザーに比べて投票率が高くなったという。なおこれに対しては、「Facebook」のユーザー層と類似する支持者が多いオバマ陣営に有利にはたらいたのではないかとの指摘がある(9)。

投票の呼びかけは「見ればわかる」ため、どんなはたらきかけがおこなわれているかある程度把握できる。しかし、ニュースフ

ィードに関するアルゴリズムの変更など、「見ただけではわからない」アーキテクチャの変更は、外部からの検証可能性が低い。アーキテクチャを利用して世論を誘導する方法を、「デジタル・ゲリマンダー (10)」という。このような新たなキャンペーンの危険性は、「Facebook」を舞台におこなわれたケンブリッジ・アナリティカによるアメリカ大統領選挙での世論操作によって現実のものになった（第2章「技術」と第6章「政治」も参照）。

6 | 解決・提案に向けて

　前述のとおり、キャンペーンには種々の問題や懸念点がある。しかし、キャンペーンを根絶しようにも、許されるキャンペーンと許されないキャンペーンを法律などで明確に書き分けることは困難だ。また、すべてのキャンペーンを禁止してしまえば、正当な活動が不当に抑圧されることになる。そのため、キャンペーンの効用を引き出しながら弊害を抑える設計が求められている。以下のような方策が考えられる。

　第1に、ジャーナリズムによる監視があげられる（第4章「ニュース」も参照）。マスメディアがジャーナリズムとしてキャンペーンを始めた人物に取材をおこなうことで十分な情報を引き出し、論点を整理したうえで、カウンターパートとの理性的な対話を促すことが期待される。もっとも、高度化するキャンペーンに関する知見がジャーナリズムの側に十分備わっておらず、必要な監視機能を果たせていないのではないかとの指摘がある。

　第2に、アーキテクチャによる対応が考えられる（第2章「技術」と第13章「システム」も参照）。例えば、サンライト・ファウンデーションが提供している「ポリグラフト」というウェブサービスでは、報道記事のリンクを貼り付けると、記事中に記載されている

議員の名前に注釈が付き、銃規制に反対している議員が全米ライフル協会からどの程度の献金を得ているかが表示されるようになる。これは、公開されたデータを記事に上乗せするものだが、「見ただけではわからない」つながりを可視化しうるものである。

最後に、キャンペーン同士を競争させる方策がありうる。多くの人が「おおやけ」に訴えかけるキャンペーンができるような制度設計をおこない、代表する利益集団の多様性を高めて競争させ、議論を促すことが期待される。

上述した3つの方策に対しては、それぞれ反論やデメリットが予想されるところである。どのような設計が妥当かという論点には開かれた課題であり、検討すべき点が数多く残されている。そのため、より多くの人々の注目と知恵をどのように集めるか、というある種のキャンペーンの成否が今後の鍵となる。

考えてみよう

❶ ソーシャルメディアが普及することで、キャンペーンにどんな変化があっただろうか。個人、政党、企業、社会という4つの視点から分析してみよう。

❷ キャンペーンのいい点と悪い点は、何だろうか。それは、誰にとってのいい点や悪い点だろうか。

❸ 「見ただけではわからない」キャンペーンを見破る方法として、何が考えられるだろうか。

注

（1）キャンペーンの成果については、「グリコポッキー ブランドが消費者を巻き込み興味関心だけでなく購入を促進した方法」（https://biz.twitter.com/ja/success-stories/glico-pocky）を参照。

(2) キャンペーンの定義の詳細は、工藤郁子「情報社会における民主主義の新しい形としての「キャンペーン」」(「特集 情報社会の現在Part.2」「法学セミナー」第708号、日本評論社、2013年)14ページ以下を参照。
(3) コメントの詳細や経緯については以下を参照。古田大輔「何の団体にも所属していない個人が、どうやって9万件の署名を集めたのか」「withnews」(http://withnews.jp/article/f0140623008qq000000000000000W0090401qq000010063A)
(4) キャンペーンとポピュリズムの関係、正統性については、工藤郁子「共同規制とキャンペーンに関する考察」(「情報ネットワーク・ローレビュー」第13巻第1号、商事法務、2014年)50ページ以下を参照。
(5) トクヴィル『アメリカのデモクラシー』第1巻下、松本礼二訳(岩波文庫)、岩波書店、2005年、54ページ
(6) 詳細は、藤代裕之「ヤフー社長室長による「ステルスロビー活動」記事の問題点。自らの利益のためにメディアを使うのを戒めよ」「Yahoo!ニュース」2014年6月30日 付 (http://bylines.news.yahoo.co.jp/fujisiro/20140630-00036904/)。
(7) アーキテクチャとは、物理的・技術的環境を通じて人の行為を制約するもののことをいう。例えば、希少な植物を保護するために、自生区域への立ち入りを阻止するフェンスを設置することや、根を傷めないよう木製デッキを設置してその部分だけ歩かせるよう誘導することなどである。オンライン上でも、一定のレベルでないとふれられない花として設定することなどがありうる。詳細は、Lawrence Lessig, "The New Chicago School," The Journal of Legal Studies, 27(2), 1998.
(8) 「社会的影響と政治的動員に関する6,100万人を対象とした実験(A 61-million-person experiment in social influence and political mobilization)」としてNature誌に掲載されている (http://www.nature.com/nature/journal/v489/n7415/abs/nature11421.html)。
(9) ミカ・L・シフリーによる指摘は、"Why Facebook's 'Voter Megaphone' Is the Real Manipulation to Worry About" (http://techpresident.com/news/25165/why-facebooks-voter-megaphone-real-manipulation-worry-about)。
(10) ジョナサン・ジットレインによるデジタルゲリマンダーの詳細につい

て、"Facebook Could Decide an Election Without Anyone Ever Finding Out"（http://www.newrepublic.com/article/117878/information-fiduciary-solution-facebook-digital-gerrymandering）。

> 文献ガイド

高木徹
『ドキュメント戦争広告代理店──情報操作とボスニア紛争』（講談社文庫）、
講談社、2005年
ボスニア紛争における広報活動を描写したドキュメンタリー。PR企業がマスメディアを通じて国際世論を喚起し誘導する様子がうかがえる。

福田直子
『デジタル・ポピュリズム──操作される世論と民主主義』（集英社新書）、
集英社、2018年
　個人のデータを収集・分析して、情報を操作することで人を生かす。ソーシャルメディア時代の新たなプロパガンダについて取材している。

ラハフ・ハーフーシュ
『「オバマ」のつくり方──怪物・ソーシャルメディアが世界を変える』
杉浦茂樹／藤原朝子訳、阪急コミュニケーションズ、2010年
2008年のアメリカ大統領選におけるオバマ・キャンペーンを舞台裏から解説した本。

第8章

都市
都市の自由を私たちが維持するために

小笠原 伸

> **概要**
> 都市は匿名性とその自由さゆえに新たな物事を生み出す活力になり、このような場は歴史上「アジール」と呼ばれてきたが、高度化した都市は「アジール」を減少させた。ソーシャルメディアにおける新たなつながりが生む「場」に注目が集まり、人々はメリットを得る一方で、相互監視によって都市の匿名性が暴かれる事態も起きている。都市での匿名性や自由の維持のためには、人々の積極的な行動が必要になる。

1 │ なぜ、大企業は都市に「隙間」を作るのか

　コワーキングスペースと呼ばれる空間が各地で興隆しつつある(1)。都市での新しい仕事や学びの場であり刺激や情報との出合いを生む知的対流拠点ともなるコワーキングスペースは、新産業創造や地方創生の拠点として全国に生まれている。

　コワーキングスペースは多くの箇所で機能していて、都市のな

かで起業家やソーシャルビジネスを志向する人々が集う小さな交流空間を提供する事業者が出現するだけでなく、地方自治体がその産業振興の機能に注目して地域への設置を支援したり、さらには日本を代表する大企業がオープンイノベーションを目指してその拠点を都市の中心部に大規模に設けたりする事例も増えている。「Yahoo! JAPAN」は紀尾井町の自社オフィス内に「LODGE」を、パナソニックは渋谷にカフェとワークスペースがある「100BANCH」を設置している。

そこでの集客やイベントの告知などでは多くの場合でソーシャルメディアでのつながりが重要な役割を担っていて、その交流の盛んさもあり新しい都市の活力を生み出す手段になっている。企業は研究開発や新たな事業でのさらなる成長や新規の展開のために自社内の資源に新しい可能性を与えるべく社外の人材が集えるような場作りを目指し、都市に新たな「隙間」としてのコワーキングスペースの活用を検討し、実行に移している。

なぜ、大企業は「隙間」を作るのだろうか。

2 │ 自由な交流が都市を作る

都市では多くの人が出会ってコミュニケーションが発生する。そのコミュニケーションがクリエイティブな活動の源泉でもある。多くのコンテンツがそこから生まれ、情報を提供し交流を媒介して多様な経験を発生させるという意味で都市はメディアとしての特性をもち、それによって都市自身の価値を向上させていく。その活動は、自由と平和に裏打ちされている。ダイナミックさとともに自由さがあってはじめて都市は新しい能力や人材を集め、新しい価値や能力を発揮できる場を再生産してその魅力を増すことができる。

ある程度の規模の都市に暮らすと、自分の存在を過度に誇示することなく匿名性のなかで生活ができるようになる。都市の匿名性と自分の居場所の存在は都市の大きな要素の一つであり、それが都市の魅力として新たな能力や可能性を農村などから吸引し、都市での新たな価値を再生産してきた。匿名性は、街の片隅で多様な人々との交流や対話ができるようになる「都市の装置」の機能の一つでもある。

　地域社会で匿名性が存在しないとすると、それぞれの生活や活動が地縁や血縁によって制約を受け、ある側面では束縛されることにもなりかねない。思うとおりに発言して新しいアクションを起こすには自由な空気は必須であり、それが都市の特性であるとともに、現在ではクリエイティブな表現や情報発信の基礎であるとも考えられるようになってきた。

　歴史学者の網野善彦によれば、日本中世の都市には自治が発達していて、そこにはある条件のもとで自由が保障された空間が存在していたという。それは私たちが知る農村社会とは異なる「本質的に世俗の権力や武力とは異質な「自由」と「平和」「無縁の原理」」の世界だという。網野は著書『増補 無縁・公界・楽 (2)』で、無縁・公界・楽の場、人の特徴を例示したうえで「まさしくこれは「理想郷」であり、中国風にいえば「桃源郷」に当る世界とすらいうことができよう」と記し、その場の原理を説明している。

　中世の都市には、無縁や聖域、避難所といった権力が及ばない場所という意味でさまざまな形態の「アジール」と呼べる場所が存在してきた。「アジール」によって自由な匿名の世界が担保されたことで、都市が新たな活力を得て発展することができたのである。「アジール」は現代の都市を語るキーワードともなっていて、1970年代から80年代には、歴史学や都市研究の分野で日本社会、そしてその世界性の関係が話題になった。

都市には、多くの人が住まい、経済活動がおこなわれるなかで、多くの隙間が生まれる。商店街の一角の静かなカフェだったり、繁華街の隠れ家的なスナックやライブハウス、古いビルや路地だったり、その都市の隙間での匿名性に守られた場での対話こそが都市生活の醍醐味だともいえる。都市にとっては、匿名性を保ちながら、多くの人や資源の集散をマネジメントし、自由と平和を維持していくことが重要になる。都市の自治、商工業の活動での自治を確保した都市は歴史上散見され、中世の自治都市の自由を望む「都市の場の特質」は現代にも通じるものがある。無縁の原理を読み解いた網野の成果をふまえ、無縁の原理は現在の都市にもその痕跡を残してさまざまな示唆を与えていると見ることもできる。

　「アジール」が内包する都市の自由さは、創造性の発揮と表裏一体の存在である。しかしながら、高度化する都市は「アジール」を減じつつある。

3 ｜ 高度化する都市の閉塞感

　都市の自由さは都市の機能を維持していくために重要な側面である。しかしながら、現実には現在の都市では不快なトラブルや事件を避けるべくコンプライアンスの観点から企業でも大学や政府機関でもそのセキュリティーの水準が高まってしまい、本来都市がもっていた想定外の出会いや交流といった新しい刺激や外部の知見との接点をもつことが難しくなってきている。社会規範上問題と感じられる場所に立ち寄ったり、そういうものに関わる人々と交流したりすることは危機管理上からも回避されるのが現代では通常のことといえるだろう。

　都市には、さまざまな交易や消費の場があるなかで「悪所」と

呼ばれる場がある。江戸時代での遊里や芝居町がまさにそれに当たるが、自分の価値観としては望まなくても誰かが求めているものを都市の装置として提供していくには、どう対応すればいいのだろうか。都市には多様な人々が集い、自分と違う思考や感覚の人がいることが前提になる。違う人が集まり、その違いを認めながら暮らしていくのが都市なのだ。そして、そういう都市空間を社会が管理していくときの知恵はかつての日本にはずいぶんあったことを想像してみるといい。

　この問題は、都市をどのように管理していくか、必要悪としての都市の装置をどう維持するか、さらには都市のなかでクローズドでかつ居心地がいい場をどう守るか／創出していくかといった課題を突き付けられていると言い換えてもいい。これらがインターネットの発達、率直にいえばソーシャルメディアのサービスによって暴かれ始めているのだ。

「悪所」は匿名性と情報管理、都市の空間設計に優れた場所だったためにその位置を維持することができた。そこはメンバーシップや高いセキュリティー、さらには物理的に区分された都市のデザインに守られ、そこでのコミュニケーションや実態は外界に出ることがない、自由にして非日常の「無縁」の世界でもある。しかし現在では、ソーシャルメディアで生活の裏の裏までがさらけ出されるようになってしまい、都市での匿名性はどんどん低下しているといえるだろう。

　都市はその目的を達成するために、自らセキュリティーを高度化していく。しかしそのために、これまで想定を超えた出会いや交流が創出されていた都市がその多様性を減じる結果になってしまい、家庭や職場、地域社会といった単位の既存のコミュニティーの緊密さを持続してしまうことにもなりかねないのだ。これはソーシャルメディアが多様な交流を生み出すと考えられていたのとは逆に、むしろ社会での既存のコミュニティーとの縁切りが難

しくなっている状況を裏支えしているとさえいえる状況である。

都市には多くの新しい出会いや経験をもたらす混沌とした場があり、そこで人は他者とつながりを結び、ときには人生での摩擦や困難に見舞われるなかで自身の成長につながる貴重な経験をしていくものである。学校や仕事、または恋愛や家族を得る、という社会活動の過程では、自分が想定する人間関係だけで完結できることはまずありえない。その未知の可能性を提供してくれる場に巡り合うために、進学、就職という移動を伴うプロセスをたどるのも成長の一過程だろう。そこには新しい縁を結ぶとともに、移動によって既存の縁を切るという行為が存在していた。

人生のなかで大きなイベントである大学入学や就職などのタイミングは、前向きなかたちでの「縁切り」のチャンスである。これまで自分を支えてきた地域や親族、友人から距離を置くことで新しい人生の飛躍を図ることができる重要な機会でもある。だが、現代では最先端と理解されてきたソーシャルメディアによって、距離的に遠く離れてしまっても自分の地元や家族とつながってしまっている。かつては大学進学や就職で、それまでの自分の世界は大きく展開して社会の経験は人間としての成長や深みを創出してきたのだが、その社会自体がもっていた「アジール」が現在の生活では消えようとしていて、大学でのゼミナールやサークルで未経験の学びや活動をしたり、さらには都市生活で居酒屋やバーへ背伸びをして飲みにいったり、ライブを聴きにいったり演劇を楽しんだり、と「アジール」に足を踏み入れてそこで新たな関係性を作る機会が少なくなっている。「アジール」の減少とセキュリティーの高度化が、縁切りの機会を喪失させているのだ。

そこで私たちには、都市の多様性やある種の魅力を生み続ける自由を保持する「アジール」のような場を、これからの社会でどう都市にデザインするのかを考える必要性が生じてきたのである。

4 | サードプレイスという新たなつながり

「無縁」の世界をどうにかして都市のコミュニティーに取り戻すためには、何が必要なのか。そのためには、価値ある必要なものだけに囲まれるのではなく、自分には関係ないと思っていたものとの出合いを自らに求めることができる環境づくりが肝要である。

そこで、「サードプレイス」という語句が用いられるようになった。サードプレイスとは家庭でも職場でもない、第三の場所と位置づけられ、「インフォーマルな公共生活の中核的環境」として「中立の領域に存在し、訪れる客達の差別をなくして社会的平等の状態にする役目を果たす」と指摘され、「精神的心地よさと支えを与える点が良い家庭に酷似している(3)」とされている。サードプレイスは都市のなかで以前からその存在を認識されてきたが、近年その概念がソーシャルメディアの登場に伴って都市の活力として注目されるようになってきた。

サードプレイスを提供する代表的企業であるスターバックスコーヒー・ジャパンのウェブサイトの会社案内にはこう記されている。「「人々の心を豊かで活力あるものにするために——ひとりのお客様、1杯のコーヒー、そしてひとつのコミュニティから」／それが私たち、スターバックスのミッションです。(略) スターバックスは我々のミッションを軸にお客様にとっての"The Only One"として愛されるために「Moments of Connection——つながりの瞬間——」を大切にしてきました。(略) スターバックスは、お客様一人ひとりと向き合う姿勢を大切に、お客様にとって特別な存在でありたいと願っています(4)」。いまやコーヒーショップがコミュニティという言葉を用いて自分たちのミッションを語る、そういう時代がきているなかで、都市とソーシャルメディアとの関係はどう変化していくのだろう。

図1 スターバックスコーヒー・ジャパンのウェブサイトの「Corporate Profile」ページ
(出典:スターバックスコーヒー・ジャパン「会社案内」〔http://www.starbucks.co.jp/company/〕)

　これは都市が生み出すクリエイティビティが都市での特有のコミュニケーションに立脚していることがわかる事例でもあり、現在では都市にエンジニアや研究者、デザイナー、アーティストなどの「クリエイティブ・クラス」をどのように呼び込むかによってその都市の成長が決定づけられるというリチャード・フロリダの理論が広く共感を得るようになってきている(5)。高度化していく都市で、多様な交流の機会を減じて自由を失ったオフィスやキャンパスを逃れ、人はサードプレイスに集うようになった。自由な中間領域を編み出す都市の豊かさはそういうところに生まれてくるものでもある。

　都市のなかにあえて「隙間」を導入すること、自身の同質性を解消できて快適で自由に人々が出会え、くつろげる空間が求められるようになったのも、スターバックス・コーヒーやコワーキン

グスペースが都市で増える理由の一つである。自分に新しい刺激や出会いを与えてくれるようなサードプレイスを求めて都市を浮遊し続けることも現在では可能になった。コワーキングスペースが都市部に増えたことで運営方針も組織文化もそれぞれに違うところが出現し、複数の場から自分との相性がいい施設を選べるようになっているからである。

　コワーキングスペースはソーシャルメディアで自らの施設の特性や理念を広め、イベントの集客をおこなう。サードプレイスはなべてソーシャルメディアとの相性がよく、そのネットワークに新しいビジネスやクリエイティブな活動をおこないたい人々が関わっていく姿が見られる。社会へ向けた表現活動や新しい事業を構想する若者がソーシャルメディアを駆使して人間関係を広げていき、都市のサードプレイスを拠点としてリアルな場を構築していこうとするのもネット上では日常的な風景である。

5｜つながりすぎることの危険性

　その一方で、ソーシャルメディアでの問題行動が「アジール」にとって脅威になりつつある。常識的には考えられないようなふざけた振る舞いをネット上に公開したり、著名人が来店した際の画像を店員や客が無断で「Twitter」上で拡散したりするなど、それまで自由に存在することができた空間がたった一つのSNS投稿によって突然打ち壊されることが各所で頻発している。ネット上ではいわゆる「バカッター」と呼ばれる行為は、かつてであれば若気の至りとして叱られて粛々と処理されるような、おそらく実際の生活のなかで昔からあったことなのだろう。

　そういう行為が、ソーシャルメディアなどによって可視化・顕在化することで社会的な批判を広く招き、ビジネスに損害が出た

り当事者がその行為によって社会的責任を問われたりするなど、さまざまな影響が出ている。当然いいことではないが、社会に広く知られなくてもよかったことがソーシャルメディアで拡散され知られてしまうことで大きな騒ぎになる場合が増えてきた。2018年6月、福岡市のコワーキングスペースでの催し後にソーシャルメディア上での言論をめぐるトラブルで殺人事件が発生した。新しいつながりが暴力的な側面を秘めていることが残忍なかたちで表出し、ソーシャルパトロールの結果として都市の匿名性とサードプレイスが脅かされていることも記しておかなければいけない。

　このような脅威に対して、投稿をすべて監視・管理して事前にトラブルを回避するという手段もあるかもしれない。表面上は問題が減り、事件性があるトラブルは消えていくだろう。しかし、これで私たちは本当に都市での自由を謳歌できるのかというとかなり危うい。行動もコミュニケーションも、さらにはソーシャルメディアへの投稿も何者かによって監視・管理されるというのは居心地がいい場所に必要な機能ではない。加えて最新のテクノロジーによる暴露がある。ソーシャルメディアと最先端のロボット技術やセンサーネットワークを使えば都市のなかで個人の追跡ができる。画像解析技術や街中の監視カメラの存在も大きな課題になる（第2章「技術」も参照）。

　企業などで同質的な組織文化を背景に働く人々からすると、外部から不意に知らない人々がやってきて交流を求められるのはある意味では怖いことでもある。未知との交流は日々の生活を脱して自らを真剣勝負の場に引きずり出すわけであり、それは決して快適なことばかりではない。オープンイノベーションを目指して設置される現在の「都市の装置」は設置のための目的や機能を絞りすぎていることがあり、それでは新しいアジールは都市のなかには生まれにくい。企業がコワーキングスペースなどを設けて目

指す場の多くはその落とし穴にはまってしまうことがある。

　コンプライアンスの観点から実現が難しいことも多いが、企業としては人々が交流する場を構想する際には同質化を避けながらその多様性を維持することが大変重要であり、都市の装置としては安易に片付けてはいけない問題である。サードプレイスだ、コワーキングスペースだ、カフェだ、と自称して大企業が建物や空間を設置しても、事例によってはその場が実質的に交流の機能を果たしていないことがあるのも現実的な課題である。そして自分を育んできたコミュニティーを脱するに際して、デジタルの世界は冷酷なまでに過去のしがらみを接続したまま新たなコミュニティーにあなたをつなげようとしてしまう。それを乗り越えるのに必要なのは、ほんの少しでいいので自分が関わるコミュニティーを新しい場にシフトすることである（第14章「教育」も参照）。

　都市に新しいものを生み出そうとするには、多様な交流の場が必要になる。しかしながら、それを創造する際には、既存の組織の秩序や企業のルールを持ち込んでもなかなかうまくいかない。同質的なものを維持しようとしたり、既存の組織運営の論理を持ち出したりしても、そこに魅力的な人々が集うことは難しい。それを避けるためには、相互に敷居を下げて、自分らの文化にはない新しい視点や価値観をもつ人々、そして新奇なものと接点をもってどのように交流ができるかを考えていくことが大切である。

　自分の想像や志向を超える、新しい出会いが創出できるのが都市の魅力である。そして、自分の必要性や本来的なニーズとは異なるものが同じ都市に存在していた際にはそれを拒絶したり攻撃したりするのではなく、寛容の心をもって共存する道を探るべきである。都市には他者が存在する。それを認めることなしには都市の豊かさを享受し続けることは実は難しい。問題はそういうものが広く織り込まれた都市の端々に隠れるだけの隙間をどう許容するかということであり、私たちは日々、都市生活にその隙間を

探し続けるのである。「新しいつながり」をデザインするには、ソーシャルメディアが都市での「新しい場づくり」に関わっているという意識を保つ必要がある。

そのためには、これまで社会が共有してきた個人の安全や安心の意味合いも変わらなければならないだろう。自分たちの規範に合わない、一面的には悪い部分をもっている人や場も社会には存在する。しかし、そういうものを内包しながら乗り越えた自由な都市ができないと、新しいものを生み出す能力に欠ける非常につまらない社会を形成することになってしまう。同質化した人々が集う都市は、はたして創造性を発揮する場になることができるだろうか。都市の自由さや匿名性がソーシャルメディアやITによって制約される時代が訪れようとしているなかで、ネットを使いながら都市のフィールドに飛び出して街を歩くことで新たな人や場との出会いを創出していくことが今後の場づくりの解決策になる。新しいクラスターとの出合いはリアルの都市空間でこそ容易に実現可能だからだ。私たちがもっている社会のネットワークの意味をいま一度考え直していくことが求められる。

考えてみよう

❶ 都市の自由さを維持し続けるために、ソーシャルメディアができることは何か。

❷ あなたは、身近にあるサードプレイスをどう自らの同質性を乗り越えて活用して都市を魅力的なものにしていけるだろうか。

❸ 都市というフィールドで新しいつながりをデザインするために、あなたはどのように街を歩いていくか。

注

(1) 2018年には国土交通省などが主催して「コワーキングスペースサミット」が開催され、その展開と将来的な活用の可能性について全国各地のコワーキングスペース運営事業者らが集まって熱心な議論をおこなった。国土交通省「[平成30年6月18日]「コワーキングスペースサミット2018——さらなる対流を目指して」を開催しました」(http://www.mlit.go.jp/page/kanbo01_hy_006374.html)

(2) 網野善彦『増補 無縁・公界・楽——日本中世の自由と平和』([平凡社選書]、平凡社、1987年)は歴史学から中世日本の都市への視座を一転させた労作であり、1978年に出版された初版は議論と大きな反響を引き起こした。網野のその後の著作につながる広がりの端緒となるものでもある。

(3) レイ・オルデンバーグ『サードプレイス——コミュニティの核になる「とびきり居心地よい場所」』忠平美幸訳、みすず書房、2013年、97ページ。オルデンバーグは「サードプレイス」という名を広めた社会学者である。ヨーロッパの都市の事例をあげて、アメリカの郊外都市の課題を指摘し「他国の人びとにとって豊かな生活には不可欠な、家庭でも仕事でもないあの充足と社会的つながりの第三領域を、アメリカ人はもっていない」と記し、「インフォーマルな公共生活の中核的環境」として「サードプレイス(第3の場所)」という用語を提案している。

(4) スターバックスコーヒー・ジャパン「会社案内」(http://www.starbucks.co.jp/company/)

(5) リチャード・フロリダ『新クリエイティブ資本論——才能が経済と都市の主役となる』井口典夫訳、ダイヤモンド社、2014年

文献ガイド

陣内秀信
『東京の空間人類学』
筑摩書房、1985年

　都市・建築史の立場から東京を読み解く古典的名著として知られ、都市の多様な構造を学ぶ決定版である。この本を読むと、身近な街を歩き見つめながら都市を、社会を考えるようになるはずである。

町村敬志／西澤晃彦
『都市の社会学──社会がかたちをあらわすとき』（有斐閣アルマSpecialized）、
有斐閣、2000年

　社会学の観点から都市を知るためのテキストとして初学者にも平易で望ましい。

リチャード・フロリダ
『新クリエイティブ資本論──才能が経済と都市の主役となる』
井口典夫訳、ダイヤモンド社、2014年

　都市経済学者である筆者が、クリエイティブ経済における技術、才能、寛容性の関係を明らかにし、世界各地でのクリエイティブ都市ブームを巻き起こした一連の著書の最新刊でもある。

第9章

コンテンツ
コンテンツの拡張と対抗

松本 淳

> **概要**
>
> 世界でも人気を博しているマンガやアニメといった日本のコンテンツは、ソーシャルメディアの登場で認知が拡大している。ソーシャルメディアはコンテンツのユーザーによる拡散の場だけでなく、二次創作の舞台となり、クラウドファンディングでの資金調達にも活用されている。バーチャルな体験をリアルな場でも再確認しようといういわゆる「聖地巡礼」でも、ソーシャルメディアは大きな役割を果たしている。このようなポジティブな作用が起きる一方で、コンテンツ産業側から見れば権利侵害や炎上によるコンテンツに対するネガティブ評価といった否定的な影響も生んできた。本章ではソーシャルメディアとコンテンツの関係を概観する。

1 │ クラウドファンディングが支えたコンテンツ制作

2016年11月に公開された映画『この世界の片隅に』(監督：片淵

須直）は、公開時館数（国内）が63館(1)と大規模な配給がおこなわれなかったにもかかわらず、その後上映館数が拡大して興行収入は25億円を超え、1年半以上にわたって劇場上映が続く異例のロングランを伴ったヒット作になった。

　この作品の企画は2010年頃に始まっていたが、4年以上にわたって制作資金が集まらない状況が続いていた。原作マンガの評価は高いものの、その売り上げや知名度は高くなかったこと、また原爆や戦争を描いた作品に対して、興行や派生して生まれるビジネス上のメリットを出資者たちが感じ取ることができなかったため(2)とされている。

　これまでであれば企画が「お蔵入り」してしまっていてもおかしくない状況を一変させたのは、インターネットを通じて個人から資金を集めるクラウドファンディングを2015年3月から開始したことだった。監督自ら「Twitter」を積極的に活用し、企画の進展や制作状況をファンに伝え、交流イベントも頻繁におこなうなど草の根的な宣伝活動をおこなっていたが、このクラウドファンディングの成功が、作品の存在をマスメディアに対しても示すことになった。

　クラウドファンディングはわずか8日間で目標に到達し、最終的には支援者3,374人から3,912万円の資金を得ることに成功、それまで難航していた制作委員会が同年6月に組成されて制作が本格化した。クラウドファンディングへの支援やその支援を訴えるソーシャルメディア上での言及を通じて、コアなファンの存在が可視化され注目が集まることで、さらなる支援へと広がったことが大きかったといえるだろう。

　この作品には、宣伝をおこなううえでの困難も立ちはだかった。主演声優に選ばれた「のん」が、所属していた大手芸能事務所からの独立をめぐる係争(3)を抱えていて、テレビやラジオなどへの出演はNHKおよびローカル局などだけの限られたものになっ

ていた。映画の宣伝には欠かせないとされてきたマスメディアへの露出が限定的なものになるなか、そこで機能したのもソーシャルメディアだった。

「のん」は、独立前の2013年にはNHKの連続テレビ小説『あまちゃん』で主演を務めて知名度は抜群だった。それに加えて、「あま絵」と呼ばれるドラマを題材とした二次創作（オリジナルの著作物に刺激を受けて視聴者など原著作者以外のユーザーが自発的におこなう創作）イラストがソーシャルメディア上で人気を博したこともあって、ソーシャルメディアとの親和性も高かった。その「のん」がマスメディアで取り上げられないという状況が、かえって「のん」や彼女の起用にこだわったとされる監督、ひいては作品へのソーシャルメディア上での言及を継続的に促し、異例のロングランの一助になったものと考えられる。

　従来、映像コンテンツビジネスでは、ウィンドウィングモデル(4)が支配的だった。これは、「同一コンテンツを供給時期と画面の大きさが異なるメディアに対して価格差異化を行い、供給するというコンテンツビジネスの構想模型(5)」で時間の経過に伴って需要が減少していくなかで、劇場映画→DVDなどのビデオグラム→テレビでの無料放送（放送局からの放送権料が収益となる）といった具合に供給方法を変化させていき、収益の最大化を図る、というものだ（図1の右下がりの直線）。

　ところが『この世界の片隅に』ではソーシャルメディアによって、この基本モデルと異なるウィンドウ展開が見られた。従来、劇場映画であればマスメディアでの宣伝露出を図りながら、できるだけ多くの上映館を確保できる配給チェーンを押さえることが、「ヒット」とその後のウィンドウ展開での収益拡大には不可欠といわれてきたが、この映画ではクラウドファンディング支援者の約3,000人が核となり、「Twitter」上での言及が広がった。監督や作品公式アカウントのフォロワー数は現在3万を超え、劇場動

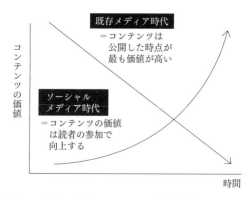

図1　ソーシャルメディア時代のコンテンツの価値（7）

員数（国内）も累計200万人を突破し、さらには新しいエピソードを追加したもう1本の映画『この世界の（さらにいくつもの）片隅に』（監督：片渕須直）が2019年中に公開される予定だ。

　藤代裕之が「ニュースメディアの価値はコミュニティーにある（6）」と述べたように、この映画はコンテンツでもファンや支援者のコミュニティーを核として、グッドウィル（コンテンツに対する共感や信頼といった顧客吸引力）がユーザー投稿（UGC；User Generated Contents）となってソーシャルメディア上に共有・拡散され、その需要が拡大することでコンテンツが拡張された好例といえるだろう（図1の右上がりの曲線）。そのコンテンツ拡張が、従来のウィンドウ展開と異なる点は、その主導権がユーザーにあることだ。二次創作の拡大やクラウドファンディングの成功はあくまでユーザーに決定要因があり、産業側がコントロールできる範囲は限られるのである。

2 │ 無視・対立から協調へ

　いまやコンテンツ産業でソーシャルメディアによるコンテンツ拡張は不可欠となっているが、ここに至る過程は平坦なものではなかった。

　インターネットとソーシャルメディアの普及以前（1970年代―90年代）は、ファンが生み出すUGCは、コミックマーケットなどのイベントでの同人誌の配布などであり、その熱量に比して、同人誌を大量に印刷するには資金が必要であり、多くの同人誌は印刷部数が少なく、配布箇所も限られていたことから、伝播の範囲は限定的だった。そこで展開されたコンテンツは、マンガやアニメに対するグッドウィルを、作品の世界観やキャラクターを借りて派生的な物語を展開することで表すいわゆる二次創作が多く、本来は著作権者からの許諾が必要となるものだが、伝播の範囲が限定的であることから、権利元がいわば「無視」あるいはコンテンツの楽しみ方に幅を与え間接的にオリジナルコンテンツにもプラスの効果を与えるものとして「黙認」している状況にあった。

　ところが、その状況はブロードバンドやソーシャルメディアが普及する2000年代に入って一変する。

　2005年にスタートした動画共有サイト「YouTube」では、ハリウッド映画などとともに日本のアニメも無許諾で投稿され、著作権侵害が指摘されながらも人気を博していく。06年には日本国内でもドワンゴが「YouTube」にユーザー字幕を被せてスタートした「ニコニコ動画」が誕生し、「YouTube」からのアクセス遮断を受けるも独自の映像投稿・配信インフラを整えて現在に至っている。

　これらの投稿プラットフォームは登場当初は、権利元からは無許諾配信コンテンツ、いわゆる「海賊版」を拡散する存在と見な

され、削除要請や訴訟が相次ぐことになった。それまでの物理的なパッケージを用いたファン同士のコンテンツ共有に比べて、拡散の規模や速度がはるかに大きく、正規品の流通を脅かすものと受け止められたからだ。

2005年には、ネット上に広がっていた創作をもとにした『ドラえもん』の最終回の冊子が反響を呼び、1万3,000部が売れる人気となってそのコピーがソーシャルメディアで拡散した。本物そっくりの出来栄えだったこともあり、小学館は作者に著作権侵害を通告した。作者は小学館と藤子プロに謝罪し、売上金の一部を支払うことで決着した。在庫はすべて破棄され、ネットで無断転載されていた作品にも削除要請がおこなわれている。

しかし一方、2008年には角川デジックスが中心となって「悪意のない」角川作品関連の投稿動画に公認を与え、広告収入を権利者に分配する取り組みをスタートさせている。「YouTube」や「ニコニコ動画」が、日本音楽著作権協会（JASRAC）と管理楽曲を利用できる包括契約を締結し、二次創作時の音楽利用がスムーズにおこなえる体制が整っていった。10年半ばまでにはプラットフォーム側の無許諾のユーザー投稿コンテンツの自動検出や削除の仕組みが整備され、権利者と投稿プラットフォームの関係は対立から協調へと変化していった。これらの投稿型プラットフォームに共通するのは、単にコンテンツが投稿されるだけでなく、ユーザー投稿コンテンツや投稿者を起点としたコミュニティーが形成されることを企図していて、その貢献に対してインセンティブ（報酬）を用意している点だ。

「ニコニコ動画」では、複数のコンテンツを組み合わせた「MAD動画」、音声合成ソフトウェア「初音ミク」を用いたボーカロイド楽曲、それにあわせて「歌ってみた」「踊ってみた」といったタグが付与されるコンテンツが人気となった。投稿者という個人を起点としたコミュニティーでの創作が二次創作を生むサ

イクルがすでにそこにはあり、「ニコニコ動画」では「クリエイター奨励プログラム」を用意し、人気度などに応じて投稿者に奨励金を支払っている。

　日本国内では「ニコニコ動画」の存在感が大きかったために「YouTube」のコミュニティー機能にはあまり注目が集まっていなかったが、チャンネル登録者数630万人以上を擁するHIKAKINなど近年のYouTuber人気によって、そのコミュニティー機能やソーシャルメディアとの連携が認識されるようになってきている(8)。「YouTube」では投稿者に対して広告収益を分配しているが、先のKADOKAWAの例のように、このContent IDの仕組みには「ユーザーが投稿した著作物に対して、権利者が削除要請を行わず、その収益の分配を受ける」という選択肢も用意されている。無許諾の二次的著作物が投稿された場合でも権利者がそれを活用できる環境も整いつつある。

　投稿型プラットフォームとソーシャルメディアが生み出すコミュニティーによって「個」としての創作者(実名または顕名で創作をおこなうユーザー)にスポットライトが当たることで、創作が促進される環境が整えられているともいえるだろう。

3 │ ソーシャルメディアが変えるコンテンツビジネス

　コンテンツ産業側は、コミュニティーの力を活用しながら収益を上げようと考えるのが自然な流れになった。象徴的な事例としては、2011年の資本提携を経て14年にドワンゴと経営統合をおこなったKADOKAWAがあげられるだろう。出版社(と社会一般には認識されているが、メディアミキサーを標榜している)と「ニコニコ動画」を運営するIT企業との経営統合の背景には、やはりソーシャルメディアがもたらした変化があった。

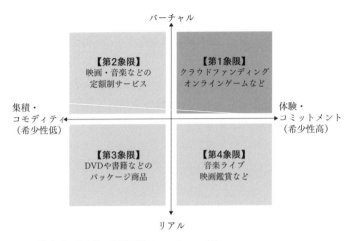

図2 体験型・希少性に価値が移るコンテンツ(9)

　図2は、コンテンツをバーチャルかリアルという縦軸、コモディティ化（希少性＝低）しているか、あるいはライブのように体験型でユーザーのコミット度合いが高いか（希少性＝高）という横軸で分類したものだ。

　雑誌やCDなどパッケージ型のコンテンツは第3象限、音楽や映像などの定額視聴サービスに集積されるコンテンツは第2象限に分類される。これらのコンテンツはコモディティ化しがちで希少性が低く、結果的に価格が低下する。

　一方、第4象限に分類されるライブや映画鑑賞などはそのとき・その場での体験に重きがあり、相対的に希少性が高い。さらにその体験がバーチャルに提供されるオンラインゲームやクラウドファンディングなどが分類される第1象限は、ソーシャルメディアやVR（仮想現実）などインターネットをめぐる技術によって興隆してきた新しい領域で、産業側にとって活用手法が未確立である一方、価格弾力性がある（価格が上昇しても需要が下がりにくい）。

これらの領域を接続しメディアミックスを展開するうえでも、ソーシャルメディアは重要な役割を果たしている。『この世界の片隅に』のクラウドファンディングによる資金調達からのロングラン興行は、ソーシャルメディア上のムーブメントが、コンテンツを第1象限から第4象限へと拡張していった事例と言い換えることができるはずだ。

　またアニメ作品などの舞台となった土地を旅するいわゆる「聖地巡礼」でも、バーチャルなコンテンツを反芻しながら（第1象限）、舞台になった土地を旅してリアルな体験を獲得・共有する（第4象限）うえで、「Twitter」や「Instagram」などのソーシャルメディアが活用される(10)。2012年に放送されて現在も年間約15万人が茨城県大洗市を訪れる『ガールズ＆パンツァー』の事例(11)など、「聖地巡礼」は放送や上映が終了した作品であっても舞台となった地域を国内外のファンが訪れ、地域やコンテンツ事業者にも利益をもたらすものとして期待が寄せられている。

　ソーシャルメディアはメディアミックスの形にも大きな変化をもたらしている。例えばKADOKAWAグループで出版を核とする事業を展開する角川書店は、1980年代には角川春樹による大作映画を、当時珍しかったテレビコマーシャルで宣伝して書籍やレコードの販売につなげた大規模メディアミックスを成功させ、事業を拡大した（図2の第4象限と第3象限によるメディアミックス）。そのモデルを下敷きにしながら、90年代以降、弟で現会長の歴彦が主導しながらアニメやゲームなど細分化されたコアな読者向けの中規模メディアミックスで事業を拡大している。

　以降、テレビコマーシャルなどマスメディアを活用した大作依存型のメディアミックスから、雑誌（情報誌）を核として読者にも参加を促しながら中規模のメディアミックスを大量生産するビジネスモデルへの転換が進んだ(12)。しかし、2010年頃から爆発的に日本でも普及が進んだスマートフォンとそれによる情報摂

取が、雑誌のメディアとしての影響力を小さくしていった。

　一方、ソーシャルメディアはコンテンツのメディアミックスを促進する装置として、パブリッシャーや、自らコンテンツを生み出しながら消費もおこなう「プロシューマー」にも活用されるようになっていく。上記のように現在のコンテンツビジネスはソーシャルメディアを活用したメディアミックス抜きでは成立しえない状況になっていて、KADOKAWAについて言えば、「ニコニコ動画」を擁するドワンゴとの経営統合によって、ビジネスモデルや社内組織・風土を一気に転換する狙いがKADOKAWA側にあったと考えられる。ほかの出版社でも紙の雑誌を休刊する一方、ソーシャルメディアと親和性が高いウェブマガジンの創刊も相次いでいる。冒頭であげたクラウドファンディングの採用などコンテンツ産業側のソーシャルメディア活用事例はこれからも増えていくはずだ。

　しかしながら、第1—4象限である従来のコンテンツの展開領域や、各領域間のメディアミックスと、ソーシャルメディアを介した第1象限を起点・機軸としたコンテンツ拡張は、本質的に異なるものだといえるだろう。ユーザー主導のコミュニティーを活用するために産業側に求められる技術・開発・運営・流通などのスキルは従来と大きく異なっていて、変化への対応は一朝一夕におこなえるものではない。

4 | ユーザーと権利者との関係

　ソーシャルメディアの興隆は投稿プラットフォームとコンテンツ権利者との対立を経て、協調、そして活用の段階に至りつつあるが、二次創作物を投稿したりそれを楽しみ共有・拡散したりするユーザーとのつながり（関係）をめぐっては模索が続いている。

ソーシャルメディアが生み出すコンテンツをめぐっては、権利者（産業側）とユーザー（利用者側）の便益におけるギャップがまだ大きく、その関係では協調が十分に図られているとはいえない。
　例えば、雑誌を核とするメディア展開では、そこでのコンテンツの取捨選択（どのコンテンツに注目し、どのコンテンツやメディアと結び付けて紹介するか）の主導権は編集者と彼らが属する出版社にあった。一方、本書でも繰り返し指摘しているように、ソーシャルメディアではその主導権はユーザー側に移っている。動画投稿プラットフォームが、メディアとしてではなく、（少なくとも外形上は）中立的なプラットフォームとしてサービスが設計され支持されているのは、その変化を汲み取ったものだと解釈することもできるだろう（この観点からは、メディアとプラットフォームの間で揺れてきた「Twitter」や「ニコニコ動画」とそこで展開されるコンテンツが多大な影響を受けてきた歴史も振り返っておきたいところだ）。
　コンテンツ産業側は、従来のメディアでおこなってきたようにコンテンツの展開を一定の範囲でコントロールすることで、収益の最大化を図ろうとしがちだ。一方、ソーシャルメディアによってコンテンツをどう摂取して扱うかといった選択ができるようになったユーザーは、そういったコントロールをコンテンツの楽しみ方に制約を与えるものと受け止め、グッドウィルを損なったり、望まない炎上につながったりすることもある。
　例えば、人気PCゲームやアニメ事業を展開するニトロプラスが2014年に示した販売累計数を200個以内、売上予定額を10万円以下とし、書店委託を認めないなどとした二次創作ガイドラインは「厳しすぎる」として物議をかもした。また16年にTBS系列で放送されたドラマ『逃げるは恥だが役に立つ』の主題歌にあわせて踊る通称「恋ダンス」は、ユーザー投稿動画が「YouTube」や「ニコニコ動画」で人気を博したが、レコード会社からの通告によって一斉削除がおこなわれてユーザーの不評を買った。

このようなギャップは、コンテンツ産業側が事業を存続・発展させるために必要な収益と、ソーシャルメディア上に活躍の場を得たプロシューマーが必要とする収益との開きが大きいことも一因になっているはずだ。逆にいえば、そのギャップ領域が大きいからこそ、プロシューマーという新しい創作者の活躍の幅が広がったということもできる。

　メディアミックスに多大な貢献をもたらす二次創作について、ガイドラインを設けて公開するコンテンツ企業も珍しくなくなったが、ソーシャルメディアとそこでコミュニケーションをおこなうユーザー、さらには彼らを介してコンテンツに接触（エンゲージ）することになる人々との向き合い方＝つながり方の巧拙がますます重要になっているといえるだろう。

考えてみよう

❶ ソーシャルメディアによって「拡張」されたコンテンツには、本章であげた事例以外にどんなものがあるだろうか。また、そこで機能した「メディアミキサー」は誰だっただろうか。

❷ コンテンツがソーシャルメディアによって拡張される際、注意すべき点は何か。コンテンツに対するグッドウィルが炎上によってネガティブに転じることを防ぐためには何に留意しなければならないだろうか。

❸ 日本でのコンテンツとソーシャルメディアに独自の要素があるとすれば何か。それらが海外に共有される際、どのようなフィードバックが想定され、コンテンツ企業などコンテンツプロバイダーはどんなことに注意すべきだろうか。

注

(1) 東京テアトルが配給。例えば同年9月に公開された映画『聲の形』（監督：山田尚子）は松竹が配給し、全国120館で公開が開始されている。

(2) 山中浩之「映画「この世界の片隅に」に勝算はあった？——プロデューサー、真木太郎 GENCO 社長に聞く」「日経ビジネスオンライン」（https://business.nikkeibp.co.jp/atcl/interview/15/284031/120100018/）。制作プロデューサーへのインタビューを通じて、資金調達の状況が明かされている。

(3) 田崎健太は「能年玲奈「干されて改名」の全真相——国民的アイドルはなぜ消えた？」「現代ビジネス」（http://gendai.ismedia.jp/articles/-/50115）で独立をめぐる騒動の経緯を詳しく述べている。

(4) 木村誠「コンテンツビジネスの基本モデル——その基本的な収益構造」、長谷川文雄／福冨忠和編『コンテンツ学』（SEKAISHISO SEMINAR）所収、世界思想社、2007年、131ページ。Blackstone と Bowman によるハリウッドの映画産業とメディア産業の歴史的変化をめぐる研究がもとになっている。

(5) 同論文130ページ

(6) 藤代裕之「メディア——都市と地方をつなぎ直す」、藤代裕之編著『ソーシャルメディア論——つながりを再設計する』所収、青弓社、2015年、185ページ

(7) 同論文186ページ

(8) 例えば、2018年に入って注目を集めるようになった動画内でコンテンツをナビゲートする仮想のキャラクター＝Vtuber（バーチャル・ユーチューバー）も、「YouTube」への動画投稿を起点としながら、「Twitter」フォロワーとの交流、「Pixiv」でのキャラクターの二次創作の「プレゼント」の受け付けなど、複数のソーシャルメディアを通じてコミュニケーションをおこない、コミュニティーを形成している。動画の再生回数に応じて得られる広告収入や、メディアパワーを生かした広告タイアップ企画などが彼らの収入源になっている。

(9) 経済産業省商務情報政策局監修、デジタルコンテンツ協会編『デジタルコンテンツ白書2014』デジタルコンテンツ協会、2014年。筆者は

巻頭特集でメディアとコンテンツのデジタル化・ネットワーク化について確認し、希少性の多寡とリアル／バーチャルの軸からコンテンツのカテゴリ分類をおこない、「2.5次元化」を論じた。
(10) 例えば岡本健は『n次創作観光——アニメ聖地巡礼／コンテンツツーリズム／観光社会学の可能性』(北海道冒険芸術出版、2013年)で、「聖地巡礼」をめぐる情報摂取、「聖地巡礼のルール」など情報が共有される態様を詳細に分析している。
(11) 神山裕之／木ノ下健「地域におけるコンテンツ主導型観光の現状と今後の展望——大洗の「ガルパン」聖地巡礼に見る成功モデル」、野村総合研究所編「NRI パブリックマネジメントレビュー」2014年6月号、野村総合研究所。ここでは、経済効果は年間約7.21億円と見積もっている。
(12) ソーシャルメディアへの言及は少ないものの、マーク・スタインバーグは『なぜ日本は〈メディアミックスする国〉なのか』(大塚英志監修、中川譲訳〔角川 EPUB 選書〕、角川学芸出版、2015年)で精緻に分析している。なお「メディアミックス」とは和製英語であり、海外ではこの種の取り組みは「トランスメディア」と呼称されることが一般的だと指摘している。

文献ガイド

大塚英志監修、マーク・スタインバーグ
『なぜ日本は〈メディアミックスする国〉なのか』
中川譲訳(角川EPUB選書)、角川学芸出版、2015年

　手塚治虫のアニメ『鉄腕アトム』(1963—66年)が生み出したメディアミックスを切り口に、角川春樹・角川歴彦の取り組みを海外のメディア論の観点からも分析。独自の発展を遂げた日本のコンテンツ環境を丁寧に描き出している。

経済産業省商務情報政策局監修、デジタルコンテンツ協会編
『デジタルコンテンツ白書』
デジタルコンテンツ協会

　毎年発行。コンテンツのデジタル化、ネットワーク化の進捗をデータや各分野の識者の解説によって確認することができる。

アナベル・ガワー／マイケル・A・クスマノ
『プラットフォーム・リーダーシップ──イノベーションを導く新しい経営戦略』
小林敏男監訳、有斐閣、2005年

　コンテンツが生まれソーシャルメディアとも連携しながら共有される場として「プラットフォーム」が存在感を高めている。プラットフォーム運営事業者がどのような行動原理をもち、今後どういった展開が予想されるのか、DoCoMoのiモードなどIT系プラットフォームの事例を通じて学ぶことができる。

第10章

モノ
「あらゆるモノがつながる社会」のメリットとデメリット

小林啓倫

> **概要**
>
> インターネットにつながるモノの数は急速に増えつつあり、人間のネットユーザーの数をはるかに超えようとしている。今後あらゆるモノがネットにつながるようになると予想され、そうなればヒトとヒトだけでなく、ヒトとモノ、モノとモノのつながりが無数に生まれる社会になるだろう。そうしたつながりは、新たな知見の獲得や、高度なサービスの提供といったメリットをもたらす一方で、意外なかたちでの情報漏洩というデメリットももたらす。リスクを回避し、必要な対策を講じるためには、新たなつながりを理解したうえで行動しなければならない。

1 | ネットにつながるモノの急増

　2018年1月、イギリスの広告代理店 We Are Social は、「GLOBAL DIGITAL REPORT 2018」と題した報告書を発表し

た。これは各国の調査会社から得たデータをもとに、人々がインターネットをどのように使っているかを整理したもので、それによれば全世界のネットユーザー数は40億人を突破したそうである (1)。国連の調査では15年の世界人口は約74億人と推定されているので、すでに2人に1人がネットに参加していることになる。

ソーシャルメディアは人と人をつなげてきたが、実は人間はインターネットではマイノリティーにすぎない。そこで圧倒的な多数派を占めるのは、ネットに接続する能力を備えた「モノ」である。

2015年の時点で、ネットにつながるモノの数は約205億台と推定され、すでにネット人口の5倍以上になっている。そして東京オリンピックが開かれる20年までに、この数は倍の約403億台になると予想されている (図1)。仮に全世界の人々がネットに参加するようになったとしても、その5倍以上のモノがすでにネットにあふれているのだ。それは工場などのビジネス向けとしてだけでなく、一般家庭にも普及すると考えられ、4人家族の家庭内にあるネット接続機器の数は、22年までに平均で50台に達すると予想されている (2)。

物理的な実体をもつ「モノ」がインターネットに接続し、さまざまな情報をやりとりするようになることを、「モノのインターネット (Internet of Things、IoT)」と呼ぶ。さらに前述のとおり、これからさらに多くのモノがつながるようになると予想されることから、「あらゆるモノのインターネット (Internet of Everything、IoE)」という言葉まで登場している。あらゆるモノがつながるようになったとき、私たちの社会はどう変わっていくのか。本章ではIoTというキーワードを軸に、「モノとのつながり」を考えてみたい。

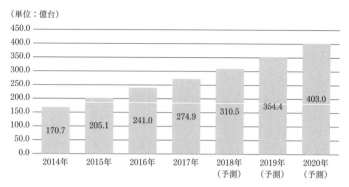

図1　世界のIoTデバイス数の推移と予測
(出典：総務省「平成30年版情報通信白書」2018年〔http://www.soumu.go.jp/johotsusintokei/whitepaper/ja/h30/pdf/30honpen.pdf〕)

2 | IoTの歴史

「モノのインターネット」という言葉が初めて登場したのは、1999年のことだ。考えたのはRFID（無線タグやICタグとも呼ばれる）技術の専門家であるケビン・アシュトン。RFIDとは、電波を当てると作動する小さな回路を使い、その回路と無線で情報をやりとりする技術である。身近なところでは、SuicaやPASMOなど非接触型の交通系ICカードにも使われている。

RFIDは電源が不要なため、さまざまなモノに埋め込み、デジタル情報を付加することができる。例えば、物流上の商品にタグを付けて、配送状況をネットで追跡するといった対応が可能になる。アシュトンはこうした状況を「モノのインターネット」という概念でとらえ、さまざまなモノがインターネットに接続することで、社会のあり方が一変するだろうと訴えた(3)。

ただ、現在と比べれば1999年はそれほど情報技術が高度化しておらず、人間のネットユーザーもようやく2億人を突破しよう

かというところだった。携帯電話からのウェブサイト閲覧を可能にする世界初のサービス「iモード」が始まったのもこの年だ。RFIDを通じたモノのネット接続は大きな可能性をもつとはいえ、できることは限られていた。

しかし「ムーアの法則(4)」に象徴されるように、デジタル技術は急速に進化するという特徴をもつ。IoTを構成する要素には、モノに与えられる情報処理能力と通信能力、そしてモノが接続する通信ネットワークの3つがあるが、21世紀最初の10年で、そのすべてが大幅に進歩した。

その結果、さまざまなモノがネットに接続できるようになり、それを利用したサービスも次々に登場することになる。例えば早くも2004年には、リコーが「@Remote（アットリモート）」というサービスを開始している。これは複合機やプリンターといった製品を対象に、ネット経由で遠隔サポートをおこなうもの。リアルタイムで機器の状態や利用状況を把握し、それをもとに故障を未然に防いだり、少なくなった消耗品を自動的に発送したりといったサービスを提供している。

最近のスマートフォンの流行も、IoTの追い風になっている。モノ自体がネットに接続する力をもたなくても、個人が携帯するスマホと通信してデータをやりとりできれば、スマホ経由でネットにつながる。またそうすれば、操作用の画面をスマホ側に載せたり、複雑なデータの処理をネット側に任せたりといったこともできる。

まさにこの仕組みを採用しているのが、ナイキやFitbitといった企業が発売しているフィットネス用ウェアラブル端末だ。こうした機器自体に搭載されているのは、さまざまなセンサーと最小限の画面、そしてスマホとの通信機能である。集められたデータの処理やそれに基づくサービスの提供などは、主にスマホやネット側でおこなわれている。そのため足で上った階段のカウント

や睡眠状態の分析などさまざまな機能を実現しながら、機器本体は非常に小さく、装着しているのが気にならないほどのサイズになっている。

2014年にはインテルが、IoT時代を見据えた超小型コンピューター「Edison（エジソン）」を発表している。EdisonはSDカード大のサイズでありながら、CPUやメモリー、そして通信機能まで備えている。この大きさであれば、あらゆるモノに搭載して高度な情報処理・通信技術を与えることが可能だ。アシュトンが唱えた「モノのインターネット」という世界は、彼の想定をはるかに超えた広がりをみせようとしている。

3 ｜ つながるモノが生み出す価値

IoTの普及を後押ししているのは、情報処理技術や通信技術の高度化だけではない。クラウドコンピューティング(5)の環境が整ったことによって、モノの側にある限られた情報処理能力だけで、すべてのアプリケーションを動かす必要がなくなった。つまり、前述のウェアラブル端末のように、モノ自体が高度な情報処理能力をもたなくても、クラウドの力を借りることで高度なサービスを実現できる。目には見えないが、いまやさまざまなモノにクラウドという「賢いアタマ」がついていて、そこでさまざまな処理がおこなわれている。

IoTが単に「機械がネットにつながる」以上の意味をもつ理由、そして企業や政府をはじめ、多くの人々が関心を抱いている理由がここにある。ネットにつながることで、これまで何の変哲もなかったモノに大きな価値が付加されるようになる。あるいは、そこからさまざまなデータが集められるなど、大きな価値を引き出せる可能性があるのだ。

図2 IoT機器が実現する機能（各機能は前の機能の存在を前提としている）
（出典：マイケル・E・ポーター／ジェームズ・E・ヘルプマン「「接続機能を持つスマート製品」が変えるIoT時代の競争戦略」、「特集IoTの衝撃――競合が変わる、ビジネスモデルが変わる」「Harvardbusiness review」2015年4月号、ダイヤモンド社）

　ネットにつながったモノたちは、利用者や企業にどのような価値を与えてくれるのだろうか。戦略論で知られるアメリカの経営学者マイケル・ポーターは、「ハーバード・ビジネス・レビュー」誌に掲載した共著論文(6)で、「スマート製品のケイパビリティ」（ネットに接続する製品が実現する新たな機能や性能）をモニタリング・制御・最適化・自律性の4つに整理している。簡単にその内容をまとめよう（図2を参照）。

①モニタリング
　センサーなどを通じてデータを収集し、モノの状態や外部の環境、稼働・利用状況を把握する、あるいはその使用者に関する情報を集める。先ほどの「@Remote」はモニタリングの好例だ。ほかにも工場内の機械がどのような状態にあるかを把握する、歯ブラシにセンサーを搭載して歯磨き状況を把握するなど、すでに無数の製品／サービスが登場している。

②制御
　家電製品など、何らかの動きを伴うモノの場合、ネットを介し

てその制御をおこなう。外出先からエアコンやDVDレコーダーを操作するというのが好例だ。また、個人ごとにカスタマイズされた制御をおこなうことも可能になる。患者の健康状態をモニタリングし、設定された兆候が見られたら家族や医療関係者を呼び出す医療機器などが登場している。

③最適化

　先ほどのカスタマイズされた制御をさらに高度化すれば、最適化が達成される。モニタリングでデータを集め、分析して問題の有無や最適な状態を割り出し、制御を通じて対応する。例えば、Googleの買収で話題になったスマートサーモスタット「Nest」では、人工知能が住民の行動パターンを学習し、自動的に室内を最適な温度に保ってくれる。

④自律性

　モニタリング、制御、最適化を組み合わせ、製品の自動運用やほかの製品との連携、自己診断などの高度な自律性を達成する。これが実現されたIoT機器は、「スマートマシン」などと呼ばれているが、「ロボット」という言葉のほうが適切かもしれない。例えば、韓国のFriendsbotはイヌ・ネコ用の玩具ロボットで、ペットの位置を検知して興味を引くような動きをするだけでなく、データをスマホに送り、さまざまな制御や状況把握などをおこなえるようになっている。

　こうしたIoTの機能は、単独の製品が実現するだけでも十分に価値があるものだ。まるで高性能のロボットがネットにつながっているような感覚で、さまざまな機能をいたるところで活用できるようになるだろう。しかしIoE、すなわち「あらゆるモノがネットに接続する」状態が生まれたときには、さらに大きな変化

が起きると予想されている。

4 │「あらゆるモノがつながる」社会の姿

　どんな技術でも、大量に普及すると質的な転換が起きるものだが、特にネットワークを形成する技術は「ネットワーク外部性(7)」をもつ。そのため、モノのつながりを生み出す技術も、一定の量に達すると、急速に普及が進むと考えられている。また普及が進めば、大量生産によって端末などを安く作ることが可能になり、さらに低コストで技術が使えるようになる。したがって「あらゆるものがつながる」社会への移行は、私たちが気づくよりも早く、しかも雪崩を打って進む可能性がある。

　では、私たちの周囲に存在するありふれたモノがすべてネットにつながったとしたら、いったいどのような社会が到来するのだろうか。

　ケビン・アシュトンが「モノのインターネット」という概念を考案した際に思い描いていたのは、物流が最大限まで効率化された世界だ。当時はRFIDを埋め込めるモノも、埋め込む規模も限られていたもので、効率化の効果も限定的だった。しかし、いまは違う。文字どおり全国規模でモノの状態を把握し、それに応じて最適な行動をとれるようになっている。

　これがどのような意味をもつのか、カーシェアリングで考えてみよう。オリックス自動車が展開するカーシェア事業では、NTTドコモが提供する通信モジュールを活用し、使用される自動車の位置や利用データ、車両状態データなどさまざまな情報を収集するとともに、遠隔制御によるロックの開閉などをおこなっている。カーシェアでは所有する資産、すなわち自動車をどこまで稼働させられるか、また貸し出しや返却といった事務手続きを

どこまで効率化できるかが収益に大きく影響してくるが、こうした状況把握や制御はそれに大いに貢献するというわけだ。

このような管理がおこなわれているのは、現在は自動車やコピー機、自動販売機など、比較的大きな機器類に限られている。しかし将来的には、あらゆるモノで同じ対応ができるようになるだろう。各種の家電や事務用品、スポーツ用品や楽器などでも、所有するのではなく「使った分だけ支払う」というサービス型で使うのが当たり前の世の中になるかもしれない。また、従来と同じように所有したとしても、モノを媒体としてさまざまな追加サービスを利用することが一般的になるだろう。

一方で、こうしたモノの利用から生み出されるデータは、別のかたちで活用することもできる。例えばネットに接続する自動車が普及して、道路上を走る多くの車両からリアルタイムでデータ収集できるようになったとしよう。もちろん、故障や事故の把握もできるが、例えばワイパーの状態のような一見些細な情報からは何がわかるだろうか。仮に、ここ数分のうちに都市の限られた地域で急にワイパーが使われるようになったとしたら、それはゲリラ豪雨の発生を間接的に示すものと考えられるだろう。実際に自動車メーカーは、自動車から得られる多様なデータを活用し、自然災害時の対策に役立てる取り組みを進めている。

またアメリカの Performetric という会社は、キーボードやマウスの使われ方に関するデータ（タイプやクリックがおこなわれた時間や回数など）を集め、それを使っている人物の疲労やストレスのレベル、感情の起伏を把握してメンタルケアに役立てるサービスをおこなっている。何らかの理由から、問診では（潜在的な）患者が心の内を明かしてくれない場合でも、この手法なら正確なリスクを把握できる可能性がある。

このように IoT は、それが直接管理するモノだけでなく、それを使う人々や周囲にある環境に関する情報まで推察し、対処す

ることを可能にする。実際に、ロボット掃除機を使用しておこなわれたある実証実験では、家庭内でのロボット利用データをクラウドに集め、そこから生活パターンを把握してユーザーのニーズに合わせた情報を提供するという取り組みが実施された。

　一方でそれは、新たな情報漏洩のリスクが生まれることも意味する。「Facebook」や「Twitter」を使っている人はこんな経験をしたことがないだろうか。あるイベントに参加したのだが、それを先生や家族に知られたくなかった(ずる休みしてコンサートに出かけたのか、珍しい趣味のオフ会に顔を出したのかもしれない)。そこで、自分はネットにツイートや写真を投稿しなかったのだが、その場にいた友人が「○○さんと一緒に参加しました！」などといったコメントを投稿してしまい、みんなにバレてしまったというものだ(8)。

　まったく同じことが、モノとのつながりのなかでも生まれる可能性がある。例えば先ほどの Friendsbot は、ペットと遊んだ情報を記録し、彼らの活動状況を飼い主に伝える。イヌやネコにとっては単に遊んでいるだけなのに、玩具が飼い主とつながっていることで、生活や体調が筒抜けになってしまうことになる。もちろん動物に認められる権利は異なるし、彼らを「監視」する目的も健康や安全を守るためだ。では同じ目的のために、乳幼児の健康状態を IoT でモニタリングする行為は許されるのだろうか。その情報を「本人の同意なく」他人と共有することは？

　またこのような情報は、さまざまな種類を組み合わせるほど、あるいは集める期間が長くなるほど、その精度を増していく。第2章「技術」で指摘している「情報統合」と同じ問題が起きるのだ。例えば、住宅のガス使用量と水道使用量を組み合わせれば、ある時間にガスが使われていた場合、それが風呂を沸かすためなのか料理のためなのかが判断できるようになる。長期的にデータを集めて分析すれば、その住宅の住民は何人か、家族構成はどう

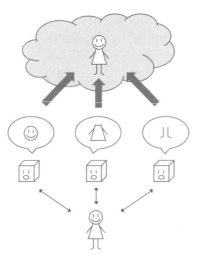

図3 モノがつなぐ情報から、見えにくいかたちで個人の詳細な姿が把握される恐れ

なっているかまで推定できる。ちょうど環境破壊のように(9)、たとえ些細なデータであっても、十分に蓄積されればいつの日か重大な結果をもたらすのである。

　さらに、人間同士のつながりでは、データの収集や書き込みはある程度可視化される。会話中に写真を撮ったり、メモや録音をしたりしている姿を見れば、どこかで使われるかもしれないと想像できるだろう。しかしモノの場合、例えばいま自動車のドアを開けたことが記録され、クラウド上で分析の対象になっているなどということは、なかなか想像できない。環境破壊であれば、少なくとも何が進行しているのか、どんな被害が生じそうかは物理的に把握することができる。しかしIoEの世界では、誰も気づかないうちに、大量のデータが静かに蓄積されているという事態が起こりうるのである（図3を参照）。

5 | ディストピアを回避するために

　モノがネットにつながることで、私たちは個人や社会として、多くの価値を手にすることになるだろう。しかし、あらゆるモノがつながることで、いたるところでデータをとられ、統合・蓄積され、分析される可能性が生まれる。衆人監視社会ならぬ、衆モノ監視社会というわけだ。しかもそれがどこまで進行しているか、表面的に見える状態だけで判断することは難しい。

　そのような世界では、プライバシーが守られるという明確な証拠が示されないかぎり、人々は自らの行動を抑制するようになるかもしれない。そうなれば、第8章「都市」で指摘しているように、人々の自由な行動が阻害されて、イノベーションやクリエーティビティにマイナスの影響が現れてしまうだろう。つながりが深まることによって、逆につながりを回避しようという傾向が生まれる、そんな本末転倒なディストピアが到来してしまう可能性もある。

　ヨーロッパ連合の消費者保護担当委員を務めるメグレナ・クネヴァは、2009年3月におこなわれたオンラインデータ収集に関するカンファレンスで、「パーソナルデータはインターネット時代の新たな石油であり、デジタル世界における通貨である(10)」と述べた。そうした価値がある以上、もっと多くのモノをネットに接続し、そこから生まれるデータを活用しようという取り組みは今後も続くと考えられる。しかも前述のように、デジタル技術は急速に進化するという性質をもつため、データの量と価値は当時よりもはるかに増大している。これまで以上に、データを恣意的に活用することのインセンティブが高まっているのだ。

　ヒトとモノとのつながりがもたらす帰結は、ヒトとヒトのつながりの場合以上に把握しづらい。そこから生まれるメリットを享

受する際には、どうやってそのメリットが生み出されているのか、同じ仕組みからデメリットが生じることはないのか、常に意識して行動する必要があるだろう。

> #### 考えてみよう
> ❶ 私たちの身の回りで、すでにネットにつながっているモノ（パソコンやスマートフォンなどの情報端末を除く）は何があるだろうか。
> ❷ 身の回りにあるモノで、いまネットにつながっていないモノ（家具や文具など何でもいい）がネットにつながったとしたら、どのような使い方が生まれるだろうか。
> ❸ モノとのつながりを通じて、どのようなデータが生み出されるだろうか。そしてそのデータから、直接的・間接的にどんなことがわかるだろうか。これを考える際には、そのモノがどう使われているか（ワイパーは雨が降っている状況で使われるなど）を想像してみるといい。

注

(1) 同調査によれば、2018年のソーシャルメディアユーザー数は約32億人で、17年比で13パーセントの増加になる。人々は単にネットに接続しているだけでなく、お互いにつながり合っていて、しかもその傾向はさらに加速している。We Are Social, "GLOBAL DIGITAL REPORT 2018"（https://digitalreport.wearesocial.com/download）

(2) OECD（経済協力開発機構）が2013年1月に発表したレポート。13年時点でのネット接続機器の数は4人家族の家庭で平均10台と推定。また50台の内訳は、パソコンやスマートフォン、タブレット端末だけでなく、スマート電球（1家庭に平均7個）、ネット接続型コンセント（平均5個）などの機器も含まれている。OECD INSIGHTS, "Smart networks: coming soon to a home near you"（http://oecdinsights.

org/2013/01/21/smart-networks-coming-soon-to-a-home-near-you/)
(3) 当時 P&G に在籍していたアシュトンがどのように IoT 概念を思いついたのかは、Nicola Davis, "How to Fly a Horse review: the man who brought us the internet of things presents a new way to look at genius" に書いてある（http://www.theguardian.com/books/2015/feb/06/kevin-ashton-internet-of-things-new-book-review-how-to-fly-a-horse）。
(4) インテルの共同創業者であるゴードン・ムーアが1965年に提唱した経験則で、半導体の集積密度は約2年で倍になるという予測。注意すべきは、直線的な進化ではなく、倍々ゲームで加速度的な進化が起きるという点だ。
(5) ネットワークを介して、物理的に離れた場所にあるコンピューティング資源（サーバーやストレージなど）を活用する仕組み。手元に高性能のコンピューターがなくても、また十分な資金がなくても、高度な情報処理をおこなうことができる。
(6) ポーターはここで解説している IoT の機能や価値によって、ビジネスの姿も一変するだろうと予想している。マイケル・E・ポーター／ジェームズ・E・ヘプルマン「「接続機能を持つスマート製品」が変える IoT 時代の競争戦略」有賀裕子訳、「特集 IoT の衝撃――競合が変わる、ビジネスモデルが変わる」「Harvard business review」2015年4月号、ダイヤモンド社
(7) ネットワークを形成する技術で、そのユーザーが増えれば増えるほど、ユーザーが手にするメリットも増えるという性質。「ネットワーク効果」とも呼ばれる。
(8) 「Facebook」の「タグ付け」機能は特定のユーザーを指定することで（写真の場合は写っている人物の顔を特定することができる）、そのユーザーのタイムラインにも投稿が表示される。したがって、タグ付けされると、さらに自分の友人に情報が拡散されてしまう。
(9) これはジョージワシントン大学ロースクールのダニエル・ソロブ教授が使っている表現だ。IoT に限らず一般的なソーシャルメディアでも、「環境破壊」型のプライバシー侵害が生じている。軽い気持ちで飲酒運転をツイートしたら、過去のツイートをすべて調べられ、所属している大学から働いているバイト先、住所まで割り出されてしまったと

いった例もある。
(10) スピーチ全文が以下のURLで公開されている。データの可能性を手放しで称賛しているわけでも全否定しているわけでもなく、大きな可能性を秘めているからこそ、消費者の信頼を勝ちえて、安心して参加できるような環境を作らなければならないという文脈で発言をしている。Meglena Kuneva, "Keynote Speech"（http://europa.eu/rapid/press-release_SPEECH-09-156_en.pdf）

文献ガイド

ピーター・センメルハック
『ソーシャルマシン──M2MからIoTへ つながりが生む新ビジネス』
小林啓倫訳（角川EPUB選書）、アスキー・メディアワークスKADOKAWA、2014年

　IoTによってネットに接続した機器を「ソーシャルマシン」という概念でとらえ、それがどのように機能するのか、どのような価値を生み出すのか、またそれを事業化するにはどのような対応が必要かを解説している。

ケヴィン・ケリー
『〈インターネット〉の次に来るもの──未来を決める12の法則』
服部桂訳、NHK出版、2016年

　IoTだけでなく人工知能や仮想現実、ロボットなどを取り上げ、これからの30年間でテクノロジーが私たちの生活をどのように変えていくのかを考えた本。テクノロジーがもたらす未来を考えるうえで、広い視野を与えてくれる。

英『エコノミスト』編集部
『2050年の技術──英『エコノミスト』誌は予測する』
土方奈美訳、文藝春秋、2017年

　こちらもIoTに特化した本ではないが、IoTやAIといった先端技術から、どのような未来が生まれうるかを予測した本。著者としてテクノロジーの研究者だけでなく、著名なジャーナリストやSF作家も参加していて、独自の視点を与えてくれるだろう。

第3部
未来を考える

第 11 章

地域
都市と地方をつなぎ直す

田中輝美

> **概要**
>
> ソーシャルメディアは都市と地方のつながりを変えた。かつてヒト・モノ・カネは東京に集中し、地方はミニ東京を目指す「上下」の関係だった。しかし、東日本大震災とソーシャルメディアの登場が重なり、地域の課題や人とのつながりが可視化されたことで、都市と地方は「水平」の関係になって、スキルを交換して助け合う新しいつながり方が生まれた。人口減少社会へと突入して消滅の危機に直面した地方は、「関係人口」と呼ばれる新たなつながりに注目し、その地方ならではの個性で競い合うようになった。その一方、「水平」な関係による競争にさらされて消費される地方も出てきている。

1 | 東日本大震災が変えたつながり

2011年3月、東北地方で発生した東日本大震災後は、それまでにはなかった都市と地方の新しいつながりを生んだ。

その一例が、復興に関わる活動を手掛けてきた一般社団法人つむぎやである。友廣裕一代表は、震災発生直後から3,000人以上が津波被害で亡くなった宮城県石巻市でボランティアのコーディネートをおこなっていた。ある日、市の周辺部にある牡鹿半島を訪れて驚いた。数カ月たってもボランティアは入っておらず、炊き出しも食べたことがないという話を聞いたのだ。

　そこで、ソーシャルメディアでボランティアを募集。活動できるように自動車とテントも募った。すると、知り合いを中心に、その先にいるまったく知らなかった東京の人たちからも反応があり、ボランティア、自動車とテント、そしてほかの物資まで届いた。東京からの定期的なボランティアを受け入れたあと、2011年10月に「つむぎや」を設立。東京と往復しながら牡鹿半島の漁協（漁業協同組合）の女性たちと魚網の修復糸を使ったミサンガを商品化した。この原材料の糸もソーシャルメディアで集めた。友廣氏は「人もモノも情報も直接接点がなかったところにダイレクトにつながった。瞬発的なつながる力というものに何度も救われた[1]」と振り返る。

　マスメディアの報道は被害が大きかった石巻市の中心部に集中し、ボランティアもそこに集中していた。マスメディアに報じられない牡鹿半島は、情報と災害対応の空白地帯になっていたのである。また、マスメディアの報道は、被害の大きさに焦点を当てる事件・事故スタイルのニュース記事が中心で、被災地・被災者が求める生活や支援に関する細かく具体的な情報を掲載することは情報量が増えてしまって紙面や放送時間が足りなくなるため、難しい[2]。また、支援方法も日本赤十字社やマスメディアを通じて義援金を送ることが一般的であり、支援側にとっても被災地・被災者を支援しているという実感に乏しいものだったが、ソーシャルメディアがそれを変えたのである。

　実際に東日本大震災では、多くのボランティアが活動した。

NHKのまとめでは、延べ550万人にのぼっていて、多くのボランティアが駆けつけて「ボランティア元年」と呼ばれた1995年の阪神・淡路大震災の137万人と比べて4倍に増えている(3)。

震災発生時に岩手県議で、現地で状況を見ていた高橋博之氏は、都市の人たちが自分のスキルや力を生かして復興を助けるなかで、被災者から「助かった。ありがとう」と喜ばれ、普段の生活では感じにくい「生きがい」を感じていることに気づいた。被災者は都市の人たちに支援されるばかりではなく、逆に助けてもいたのである(4)。

それは都市の人と地方の人が「水平」的な関係のなかでスキルを交換して助け合う新しいつながり方だった。高橋氏は震災といった緊急時だけではなく、日常でもこのつながりを続けることができないかと考え、日本初の食べ物付き情報誌「東北食べる通信」を着想した。

2│つながり続ける仕組み

都市の人と地方の人が日常的につながり続けるには、仕組みが必要である。「東北食べる通信」はどのようにその仕組みを作ったのだろうか。

「東北食べる通信」は、東北の生産者の人柄や苦労、喜びといった情報をオールカラーの16ページの大型タブロイド誌にまとめ、その生産者の食材とセットで主に都市に住む1,200人の読者に届けている。情報が主で食材が付録。これまでにあった宅配サービスの発想を逆転させた(図1)。

高橋氏は、つながり続ける仕組みとして、①誰もが関わる「食」をテーマにする、②コミュニティーを作ってコミュニケーションを促進すること、の2つを考えた。

図1 東北食べる通信の写真。「東北食べる通信」は毎月、情報誌と食べ物が送られてくる

　それまで、地方にいる生産者と都市にいる消費者は分断されていた。伝えられていなかった、誰がどうやって、どんな思いで生産物を作っているかといった情報を消費者に届けることにした。2013年7月の創刊後、多くの広報費をかけたわけではなかったが、ソーシャルメディアで食に関心がある人たちに広がっていき、創刊3号目で1,000人を超え、目指していた1,500部に10カ月間で達成した。

　2点目として、届けるだけではなく、コミュニティーにすることにこだわった。「Facebook」で生産者と読者が参加するグループを作成。やりとりを促すと、最初の1カ月で300件の投稿があった。食べた読者からは「おいしくて感動しました」「こんなにおいしいものを作ってくれてありがとうございます」といった感謝が寄せられ、生産者も「こんな料理方法でもおいしく食べられるよ」「次の季節はこんな食材もとれるよ」などと返す。読者が生産者を訪ねて作業を手伝い、親戚付き合いのように親密になるケースもあるという。

　消費者から「ごちそうさま」や「ありがとう」を聞くことがなかった生産者は喜び、誇りを取り戻す。読者も食べ物や命が自然とつながっていることを知り、生産者から感謝されることで「生

きる実感」や「人と関わる喜び」を知って変わっていくという。

　ソーシャルメディアは、人と人——ソーシャルグラフ——、興味関心——インタレストグラフ——という2つのつながりをもたらす（第1章「歴史」を参照）。「東北食べる通信」はこの特性を活用し、目指していた継続的なつながりを生んだのである。

3｜「上下」から「水平」のつながりへ

　ソーシャルメディアが登場する以前、都市と地方は「上下」の関係だった。

　戦後の日本では、高度経済成長を支える労働力として「民族大移動」と呼ばれるほど人口が地方から都市へと移動し、1955年からの20年間で三大都市圏へと移動した数は約800万人にのぼった(5)。総務省の資料では、55年には人口の62.8パーセントが三大都市圏以外の地方に暮らし、三大都市圏は37.2パーセントにすぎなかったが、その後、東京圏を中心に三大都市圏の割合が一貫して増え続け、2005年に逆転。15年は三大都市圏が51.8パーセント（このうち東京圏28.4パーセント）、地方が48.2パーセントとなった(6)。

　1960年代、中国地方の山あいの地域から濁流のように都市へと人が流出していく様子を描いた中国新聞社の『中国山地』には、農山村は「お荷物」という表現が出てくる(7)。成長し拡大する日本経済のなかでは、「進んだ都市」が上であり「遅れている地方」は下であるという価値観が固定化し、地方のヒト・モノ・カネは最大の都市・東京へと吸い上げられていった。しかも、多くは二度と帰ってこない一方通行だった。

　こうしたなかで、地方が目指したのは「ミニ東京」だった。中国地方の島根県には「森の銀座」という小さな温泉がある。自然

あふれる地方を象徴する「森」と、にぎわう都市を象徴する「銀座」という、対極ともいえる単語の組み合わせに驚いたが、ここだけでなく、全国各地に銀座とついた地名・名称が存在している。全国商店街振興組合連合会が2004年に47都道府県の商店街振興組合を対象におこなった調査では、名称に銀座が入る商店街の数は345件あった。それほど地方が東京に憧れていたことがわかる。

　背景には、1962年策定の「全国総合開発計画（全総）」で示された「国土の均衡ある発展」という基本理念がある。この考え方は日本の国土計画の基調として、その後も引き継がれ、マスメディアも後押しした。地方から都市へ集団就職する若者を「金の卵」と重宝がった。新聞紙面やテレビのニュース番組で都市と地方の格差をクローズアップしては、高速道路や新幹線、空港といった都市や他地域にあるものを「わがまちにも」と誘致合戦をおこなった。東京から高速道路や新幹線を地域に"持ってくる"政治家が評価された。こうして地方には「他と同じになることに価値を見出す思考(8)」が浸透していった。

　一方、地方からの情報が東京に届くことはなかった。それは、マスメディアの構造が都市と地方の関係と同様に中央集権的だったからである（図2）。

　テレビは東京にキー局があり、地方の情報は全国のネットワークに組み込まれて東京からの番組の合間に地域ニュースが流れる。一度東京に吸い上げられて再度放送されるという、いわば「東京視点」の情報が地方に伝えられた。

　新聞も同じで、全国紙や通信社では地方の情報は支局を通じて東京の本社に集約される。地方紙が全国紙に情報を提供するような仕組みは存在しない。地方紙は東京に支社機能をもってはいるが、東京支社にいる記者の仕事には、地域出身の政治家の動きや各省庁の予算の情報を地域に伝えるという東京から地方へという流れしかなく、その逆の地方から東京へという流れは想定されて

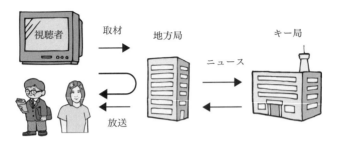

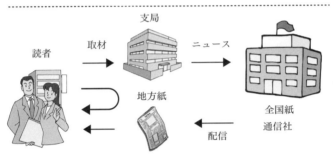

図2　テレビと新聞のニュースの流れ。テレビも新聞も原則として地方から別の地方へニュースが直接配信されることはない
(出典:藤代裕之編著『ソーシャルメディア論——つながりを再設計する』青弓社、2015年、180ページ)

いなかった。

　ヒト・モノ・カネを東京に吸い上げられ、「東京視点」の情報しか届かないなかで、地方は東京への憧れを強め、横並びでまねし、そして個性を失っていった。

　このように「上下」だった都市と地方の関係は、第1節で紹介したように、東日本大震災とソーシャルメディアの登場が重なったことで、「水平」の関係へと変わったのである。

4 | 「関係人口」と「風の人」

　人口減少や財政悪化が進んだ地方は、以前のように「均衡ある国土の発展」を目指すことが難しくなった。それどころか、「消滅」の危機に直面している。2014年、日本創成会議が、40年には全体の5割近い896の自治体に「消滅」の恐れがあるとした「増田レポート」を発表し、全国の自治体に衝撃を与えた。同会議の座長の増田寛也は『地方消滅 (9)』という書籍も出版した。

　政府は「均衡ある国土の発展」ではなく「地方創生」を推進するようになった。「地方創生」とは、首相官邸のウェブサイトによると「人口急減・超高齢化という我が国が直面する大きな課題に対し、政府一体となって取り組み、各地域がそれぞれの特徴を活かした自律的で持続的な社会を創生すること (10)」となっている。ほかの地域と同じであることを目指してきた地方は、それぞれの個性を発揮することを求められるように変わった。

　個性が求められる時代に注目されているのが「関係人口」である。「地域の人々と多様に関わる人」を指し、都市と地方の新しいつながりを生かして、地方に定住しなくても都市の人に力を貸してもらう新しい考え方ということができる。東日本大震災で見られたように、地方に通って課題を解決する人のほか、地方のイベントやお祭りを手伝ったり、特定の地方の商品を継続的に買ったりする人。きっとどの地方でもそういう人はいるのではないだろうか。総務省が2018年1月、「関係人口」に着目する報告書をまとめたことを受けて、この考え方が知られるようになった (11)。

　この報告書のなかには、「関係人口」の一形態として「風の人」が出てくる。都市と地方を行き来しながら、地域に変化をもたらす人のことで、つむぎやの友廣氏や「東北食べる通信」の高橋氏も「風の人」に当てはまるだろう。「風土」という言葉があ

るように、外部から変化をもたらす「風の人」と、根を下ろして活動する「土の人」、この両者が交じり合って「風土」を作ると地域では語られてきた。

　それがいま、なぜ注目されているのだろうか。人間関係が固定化した日常のなかでは、地域の人が自分たちの地域の個性に気づくのはどうしても難しい。その地域にとどまることなく、他を知り、違いを相対化できる「関係人口」や「風の人」だからこそ、現代で求められている地域の個性の発見を促すことができるからである。

　そして、「関係人口」や「風の人」を可能にしたのがソーシャルメディアである。従来の中央集権的な情報流通では伝えられなかった、地方に暮らす当事者からの一次情報がソーシャルメディアで発信できるようになった。地方の課題やニーズが可視化されたことで、都市の人が自分の役割を見いだして関わることができるようになったのである。課題や役割が見つからなければ、動きようがない。

　さらに、ソーシャルメディアは、「風の人」のつながりを強化する。友廣氏は東京の大学を卒業後、「ムラアカリをゆく」というブログで発信しながら、人のつながりをたどって全国70カ所以上の地方を巡った。ブログでの発信を通じて、また新しい人と出会い、つながっていく。ブログにはその喜びがつづられている。その後も「Twitter」や「Facebook」で自分の取り組みや問題意識を発信し、各地の「風の人」と共有してコメントなどで情報交換しながら、人と人をつなげ、お互いを底上げしている。「風の人」は、ソーシャルメディアがあるからこそ、仲間とつながり続け、「風の人」であり続けられる。

　しかしながら、ソーシャルメディアだけでは機能しない。リアルなつながりの重要性は失われていない。インターネットかリアルかといった論争もあるが、どちらかではなく、両輪だと考えた

ほうがいいだろう。「東北食べる通信」も、東京でのイベントに地方の生産者を招き、リアルにつながる場も必ずセットで用意している。リアルイベントはコミュニティーに活力を与え、「Facebook」グループでのコミュニケーションも活性化させる。

5 │ 新たな競争

　個性を求められるようになった地方は、「水平」な関係のなかでの新たな競争にさらされている。「地方創生」のかけ声のもと、ソーシャルメディアを活用した各地域のプロモーション合戦のような状況が生まれ、ご当地プロモーション動画をはじめとして「バズる」ことやページビュー（PV）を稼ぐことだけを目的にしたコンテンツづくりも横行している。

　大分県別府市の「湯～園地」は、市内の遊園地の協力を得て、本物の観覧車やジェットコースターに温泉計12トンを張ったプロモーション動画を公開し「100万回再生されれば計画を実行する」と宣言。100万回を超える視聴があったことから、インターネットで資金を募るクラウドファンディングやソーシャルメディアを活用して実現させて話題になった。

　しかし、次々と似たような話題が登場するなかで、ご当地プロモーションが一過性のコンテンツとして消費されていく傾向は否定できない。海女をモチーフとしたアニメキャラクターを使った三重県志摩市の地域プロモーションや人気タレントを起用した宮城県の観光キャンペーンは、女性蔑視やセクシャルハラスメントだという批判を浴びて「炎上」した。炎上を意図的に引き起こして社会に注目させることで売り上げや知名度を伸ばす「炎上マーケティング」という手法もあるが、地域にとっては、仮に名前は売れても地域イメージは低下し、ブランドも損なわれてしまう

(第7章「キャンペーン」を参照)。

　自分が選んだ自治体に寄付でき、寄付金が所得税・住民税の控除の対象になる「ふるさと納税」も同じ構図だ。ふるさと納税は、都市の人が税制を通じて地方に貢献する仕組みを目指して総務省が2009年度に導入し、18年度は総額3,481億円にのぼった。しかし、自治体側が寄付先として選んでもらおうと、商品券や家電製品などその地域に根ざしていない返礼品や高価な返礼品を寄付者向けに用意する「返礼品競争」が加熱。制度の趣旨に反する状況が生まれているとして、総務省は3度にわたって返礼品を規制する通知を出し、19年度の税制改正に、返礼品の比率を寄付額の3割までとすることなどの規制を盛り込んだ。

　鹿児島県志布志市では、豊富な地下水の環境を生かして養殖したウナギの返礼品をアピールしようと、ウナギを美少女「うな子」に擬人化したキャンペーンをおこなったが、これもセクシャルハラスメントであると「炎上」し、イギリスの「ガーディアン」やBBCといった海外メディアにも「多発する日本の性差別問題」と報じられ、ネガティブなイメージがグローバルに拡散してしまった(図3)。

　こうしたなか、「風の人」を生かして、個性的な地域づくりをしている地域が出てきている。「せかいのかみやま」と呼ばれる徳島県の神山町には、都市のクリエイターやIT起業家の移住やサテライトオフィスの開設が相次ぎ、離島の島根県海士町も、廃校寸前だった島唯一の高校を「魅力化」して都市からも生徒が集まる学校へと再生させた。人口1,500人、森林が95パーセントを占める岡山県西粟倉村は、多彩な人材が集う地元のベンチャー企業と協力し、「ユカハリタイル」という西粟倉村産の木材を生かした商品を開発。森林管理の資金を得るファンドも立ち上げ、主要産業の林業の持続可能なかたちを目指して注目されている。

　先進地には「風の人」が集まり、「人が人を呼ぶ」好循環が起

図3 「フォーリン・ポリシー」のキャプチャ。アメリカ外交政策研究の専門誌「フォーリン・ポリシー」は"性差別的なホラー映画"というタイトルで志布志市の動画を報じた

きて魅力がさらに増していく。一方で、都市の魅力が失われつつあることが、地方に人が流入する要因の一つになっている（第8章「都市」を参照）。

　これらの競争は、ソーシャルメディアの発信力によって差を分けている。移住してきた人にゴミを出すことを認めない地域や、都市からやってきた医者が定着せず「無医村」になった地域が話題になったほか、総務省の制度「地域おこし協力隊（12）」を使って都市から地方へ移住した人がブログで地域の不満を書きつづり、多くの人に読まれた。以前は伝わらなかった地域のネガティブな情報も、ソーシャルメディアを通じて発信されたり広がったりするようになっている。魅力を伝える術をもたない地域には人が集まらず、人口減少は加速していくだろう。

　都市との新しいつながりは、地方にとってこれまでにはなかった新しい資源である。これからの地方は個性を発揮し、新しい資源を手に入れることができるのか、その岐路に立っている。

> 考えてみよう
>
> ❶ソーシャルメディア登場以前の都市と地方のつながりと、ソーシャルメディア登場後の都市と地方のつながりの違いは何だろうか。なぜそうなったのかを考えてみよう。
>
> ❷これまでとは異なる都市と地方の新しいつながりを作り出そうとしている取り組みを探してみよう。
>
> ❸あなたが「関係人口」や「風の人」として関わってみたい地域があるだろうか。どんなふうに関わっていきたいか、アイデアを出してみよう。

注

(1) 2018年8月5日のインタビュー。
(2) 河井孝仁／藤代裕之「大規模震災時における的確な情報流通を可能とするマスメディア・ソーシャルメディア連携の可能性と課題」(新聞通信調査会編『大震災・原発とメディアの役割――報道・論調の検証と展望』〔公募委託調査研究報告書〕2011年度〕所収、新聞通信調査会、2013年)を参照。
(3) 2018年1月17日放送の『時論公論』(NHK)「阪神・淡路大震災23年――ボランティアは今」(http://www.nhk.or.jp/kaisetsu-blog/100/288597.html) 参照。
(4) 「東北食べる通信――世なおしは、食なおし。」(東北開墾、2013年―)については、高橋博之『都市と地方をかきまぜる――「食べる通信」の奇跡』(〔光文社新書〕、光文社、2016年)に詳しい。本章の文献ガイドを参照。
(5) 内野澄子「戦後日本の人口移動の変動」、国立社会保障・人口問題研究所編「人口問題研究」第46巻第1号、国立社会保障・人口問題研究所、1990年 (http://www.ipss.go.jp/syoushika/bunken/data/pdf/14166302.pdf)

(6) 総務省市町村課の資料「都市部への人口集中、大都市等の増加について」(http://www.soumu.go.jp/main_content/000452793.pdf)。また、都市については、第8章「都市」を参照。
(7) 中国新聞社編『中国山地』上・下（未来社、1967―68年）は、「過疎」という言葉が生まれた中国山地を舞台に、人口が都市へと流出していく姿を描いたルポルタージュ。
(8) 伊藤敏安「地方にとって「国土の均衡ある発展」とは何であったか」、広島大学大学院社会科学研究科附属地域経済システム研究センター編「地域経済研究」（広島大学大学院社会科学研究科附属地域経済システム研究センター紀要）第14号、広島大学経済学部附属地域経済システム研究センター、2003年
(9) 増田寛也編著『地方消滅――東京一極集中が招く人口急減』（〔中公新書〕、中央公論新社、2014年）を参照。この刺激的なタイトルの本に対しては、さまざまな批判や反論が相次いだ。それらの反論には説得力があるものもあるが、人口減少の段階が進んでついに地方が消滅するという言説が出るほどの状況であるということは事実であり、目を背けてはならないだろう。
(10) 首相官邸ウェブサイト「地方創生」(https://www.kantei.go.jp/jp/headline/chihou_sousei/)
(11) 総務省がまとめた「これからの移住・交流施策のあり方に関する検討会報告書――「関係人口」の創出に向けて」(http://www.soumu.go.jp/main_content/000529409.pdf) を参照。「関係人口」とは、移住した「定住人口」でもなく、観光に来た「交流人口」でもない、第三の人口と位置づけられている。かつての地方は閉鎖性が強く、こうした「よそ者」への拒否感も根強かったが、人口が減り、地域の担い手もいなくなるなかで、開かざるをえなくなったという面もある。「関係人口」という言葉そのものは、「東北食べる通信」の高橋博之氏が提唱したとされている。
(12) 地方自治体が一定期間その地域に生活の拠点を移す都市住民を地域おこし協力隊として委嘱し、その隊員が地域協力活動に従事するという制度。2017年度には全国997自治体で4,830人が活動している。

文献ガイド

高橋博之
『都市と地方をかきまぜる──「食べる通信」の奇跡』（光文社新書）、
光文社、2016年

　東日本大震災を経験し、「東北食べる通信」を立ち上げた著者が、なぜ都市と地方をつなぎ直す必要があると感じたのか、「東北食べる通信」をどう考えて設計したのかをつづっている。「関係人口」についても詳しい。

田中輝美／法政大学社会学部メディア社会学科藤代裕之研究室
『地域ではたらく「風の人」という新しい選択』
ハーベスト出版、2015年

　登場するのは、中国地方の島根県を拠点に都市と行き来しながら活動している「風の人」8人。都市に暮らす大学生が取材してまとめた。「風の人」たちがつながりながら、地域に変化をもたらす様子が伝わってくる。

影山裕樹
『ローカルメディアのつくりかた──人と地域をつなぐ編集・デザイン・流通』
学芸出版社、2016年

　「東北食べる通信」、全国各地の離島を取り上げる「離島経済新聞」、城崎温泉の「本と温泉」シリーズなど、新しい形や工夫をしながら都市と地方をつないでいるローカルメディアを幅広く紹介している。

第 12 章

共同規制
ルールは誰が作るのか

生貝直人

> **概要**
>
> ソーシャルメディア上で生じる諸問題に対応するためには、従来の国家による直接的な法規制の方法論だけでは限界がある一方で、企業や市民自身による自律的な自主規制による対応にも、ルール形成の失敗やエンフォースメントの不足などのリスクが存在する。ソーシャルメディアの自由と消費者の安心・安全を両立していくためには、当事者による自律的なルール形成を促していくとともに、その不完全性を政府が補強するという、公と私の共同規制の方法論を構築していかなければならない。

1 | 情報社会のルール形成主体

　誰もが情報発信者になりうるソーシャルメディアは、人々の新たなつながりを実現する一方で、プライバシーの侵害や名誉毀損、あるいは炎上といったようなかたちで、何らかの制度的対応をおこなうことが不可欠である問題をも数多く引き起こしつつある。

ソーシャルメディア社会で人々の情報発信の自由を担保しながら、同時に適切な秩序を形成していくために、国家や法制度は、そして企業や私たち自身はどのような役割を果たしていくべきなのか。本章では、その制度的対応の手がかりとして、公と私の連携による共同規制（co-regulation）という概念に基づく問題解決のあり方について論じることにしたい。

共同規制概念の中核にあるのは、情報社会のルールは「誰が」作るべきなのか、という問題意識である。情報社会の進展は、伝統的な国家による直接的な法規制によって解決することが困難な課題を多く生じさせている。インターネットに関わる技術やビジネスの進化速度は、国家が社会全体を正しく把握したうえで適切な法を作り出すことを困難にし、グローバルな情報流通が前提になるインターネット上では、従来の国家の規制能力自体が限界を露呈する。さらに情報社会で生じる問題の多くは、プライバシー侵害や名誉毀損などをはじめとして、民主主義の根幹である表現の自由との兼ね合いが困難であり、国家による介入はきわめて謙抑的であることが要請される。

それでは、情報社会で生じる諸問題を、企業や市民の自律的な「自主規制（self-regulation）」による解決に委ねることはどこまで可能なのだろうか。事実これまでも、表現活動に関わるルール形成については、例えば放送分野のBPO（放送倫理・番組向上機構）に代表されるような自主規制組織でメディア業界自身が問題解決をおこなうことが、政府や法律の介入を最小限にとどめるための重要な役割を果たしてきた。さらに国境を超えたインターネット上でのルールは、世界的に適用されるルールを迅速かつ柔軟に制定・改変することが必要になるため、インターネット・ドメインの管理や紛争解決を担うICANN（Internet Corporation for Assigned Names and Numbers）をはじめとした、国家的利害関係の影響を受けにくい国際的な非政府組織に担われてきた部分が大きい。

一方で情報社会には、このような自主規制による問題解決が機能しがたい要因も多く存在する。自律的なルール形成と運用をおこないうるような団体は、一定程度成熟した分野、あるいは相当程度強固な共通の利害を有する分野にしか安定的には存在しえず、常に変化を続け、プレイヤーの入れ替わりも激しいインターネット関連分野では、適切なルールを作りうるような組織が存在しない場合が多い。特に、誰もが情報発信の主体になるソーシャルメディアの環境では、個人を含む多様な主体が自律的に協調してルールを作り出す状況自体が成立しがたい。もしルールが作られたとしても、それが実際に守られるようにするためのエンフォースメント（罰則などを通じた実効性の確保）の役割は誰が担うのだろうか。さらに、一部の大企業などを中心に形成されたルールが、特定の表現、あるいは新規参入企業を排除するような不公正なものであれば、インターネットの根幹である自由な情報流通やイノベーションを私的な権力によって圧迫することにもなりかねないのである。

　共同規制とは、情報社会の制度的環境での公的な規制と自主規制の双方の利点と不完全性を認識したうえで、当事者による自主規制を基調としながらも、国家がそれを支援・補強することで、柔軟性と確実性を兼ね備えた公私連携型の制度枠組みを生み出していこうとする規制政策の考え方である。情報社会で生じる多種多様な政策課題への対応は、国家だけでも、あるいは民間の当事者だけでも十分にはなしえない。対応が必要な問題の性質や情報流通構造、そしてさまざまな規制手法の特性を認識したうえで、公か私かの二分論ではない、両者の新たなつながりに基づく規制手法を確立することが必要になる。

規制なし	特に規制の必要はなく、市場自身が問題の発生を抑止あるいは解決している
自主規制	業界団体などによる自主的な規制によって当該問題が適切に解決されている（政府による一般原則の提示は存在しうる）
共同規制	自主規制と政府規制の混合措置により問題を解決している（政府の自主規制補強措置が存在する）
政府規制	目的とプロセスが政府によって定義されていて、政府機関によるエンフォースメントが担保されている

図1　Ofcom（イギリス情報通信庁）による規制類型の定義
（出典：Ofcom,"Identifying appropriate regulatory solutions:principles for analysingself- and co-regulation"〔http://stakeholders.ofcom.org.uk/binaries/consultations/coregulation/statement/statement.pdf〕をもとに筆者作成）

2｜事業者に対する規制

　そのような共同規制を、現代のソーシャルメディア環境でどのように設計していくことができるだろうか。ソーシャルメディアに関わるプレイヤーは多岐にわたるが、ここでは便宜的にその規制対象を、ソーシャルメディアに主に商業的に携わる事業者と、情報発信をおこなう個人に分けて論じることにしたい。前者でのもっとも典型的な共同規制は、当該分野の業界団体などに問題解決のためのルール形成やエンフォースメントを委ね、それに対して公的機関が監視・補強をおこなうという形式である。

　近年、共同規制の適用が各国でもっとも活発に進められているのが、インターネット上のプライバシー保護の問題である。人々のデータが高い経済的価値を生み出す現代では、企業は私たちの個人情報をできるかぎり幅広く収集しようとする動機をもつ。わが国で2003年に制定された個人情報保護法は、そのような企業の情報の収集や利用に一定の規律づけをおこなうものだが、情報技術の断続的な進化は、既存の法の範囲に収まりきらない問題を

常に生み出し続ける(1)。保護の対象になるべき情報とは何か、個人情報を利用するにあたっての適切な同意とはどのようなものかといった問題は、産業分野の特性やそのときどきの技術的環境にも依存するため、法律によって詳細に規定することには限界があり、実質的に機能するルールを生み出すためには、当事者の知識を柔軟に反映可能な産業界の自主規制によらざるをえない部分が大きい(2)。

特にアメリカでは、オンラインのプライバシー保護に関して、インターネット関連産業の柔軟な発展を重視するという観点から包括的な法規制はおこなわず、消費者保護を所管するFTC (Federal Trade Commission、連邦取引委員会)が、産業界の自主規制を促進・強化することを重視した対応を進めてきている。FTCは、企業の不公正・欺瞞的な取り引きや慣行一般に対して制裁を科す広範な権限を背景として、ネット上で消費者の情報を収集・利用する企業に対し、取得情報や利用目的の明示などの原則を提示したうえで、業界ごとの詳細な自主規制ルールを制定することを求めてきた。企業が自主規制ルールに違反する行為をおこなった場合には、加盟する業界団体による罰則が科されるほか、深刻な違反の場合には公的な制裁の対象にもなる。

さらに「児童オンラインプライバシー保護法」という連邦法では、ネット企業は13歳以下の児童の情報を取得する際に、親権者の同意を得ることなどを義務づけるとともに、FTCに認定された民間団体の自主規制プログラムに参加する企業は、同法を遵守していると見なすという規定が置かれている。政府が産業界の自主規制に関与することで、消費者保護の観点からルール内容の適正化を図るとともに、企業の側からしても確実な合法・違法の判断が困難な部分が大きい領域で、民間の取り組みに合法性のお墨付きを与えることで、産業界が自主規制をおこなうインセンティブをもたらそうとしているのである。このように、公的機関が

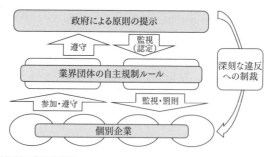

図2　共同規制の典型的構造

規制の大枠を示し、それに基づいて定められた自主規制ルールの実効性の側面を公的機関が補強するというのが、共同規制の一つの方法論である。

　一方、ソーシャルメディア環境では、必ずしも企業のような形態を有するわけではないが、情報流通で強い影響力をもつブロガー、あるいはまとめサイトなどの多様な情報発信主体の間でどのようなルールを形成するかということが問題になる。従来のマスメディア環境では、多くの情報発信者はメディア企業に所属していて、また発信媒体の数自体も比較的限られていたことから、ジャーナリズムの職業倫理などのかたちでの自律的なルールや規範は一定程度強固に形成されてきたといえる。しかし、多様な情報発信者、大小さまざまな媒体によって形成されるソーシャルメディアでは、そのような前提は成り立ちがたい。新たな中間的な領域で、自律的なルールや新たな職業倫理を形成して維持可能な主体をどのように設計するか、それに対して法制度はどのような関与をおこなうべきかは、今後のソーシャルメディア上の情報流通にとっての主要な課題である。

　特に近年、各国で制度的対応のあり方の議論が進められているのが、商業的な意図をもった情報発信であることを明示しない広

告・宣伝行為、いわゆるステルスマーケティングの問題への対応である (3)。アメリカでは、上記のプライバシー問題への対応と同様、消費者保護政策を所管するFTCによるガイドラインの策定、そしてWOMMAやインタラクティブ広告協議会（IAB）などの業界団体による自主規制ルールの策定というかたちでの共同規制が構築されている。わが国でも、近年の社会的批判の拡大に対応して、口コミ広告分野の業界団体であるWOMマーケティング協議会がガイドラインを策定してきたほか、いわゆるネイティブ広告への対応のなかで、ネット広告分野の大手業界団体であるインターネット広告推進協議会（JIAA）が、メディア媒体や代理店、広告主企業らと協力して自主的なルールづくりを進めつつある (4)。当事者が自律的に問題を解決できないまま社会的な批判が強まれば、国家によって新たに厳格な法規制が課されることになりかねない。これらの取り組みは、ソーシャルメディア上で情報発信をおこなうさまざまな主体が自律的にルールを形成し、消費者の信頼醸成を図るとともに、政府による規制強化を抑止しようとする、共同規制の萌芽的事例だと見ることができる。

3 | 媒介者を通じた個人の規制

では、ソーシャルメディアで情報発信の主体になる個人の側が引き起こす問題については、どのような対応をおこなうことができるだろうか。インターネット上に広く分散する個人が、企業のように業界団体に参加してルール形成をおこなうことは想定しがたく、また誰もが職業的ジャーナリストのような職業倫理を形成していくことも現実的ではない。また、法律による規制に関しても、ソーシャルメディアを通じて情報発信をおこなう多数の個人に対して国家が直接に罰則を科そうとすることには、実効性や効

率性という観点からの限界が存在する。そのようなときに、インターネット上の情報流通を媒介する主体（典型的にはプラットフォーム企業や通信事業者など）は、広く分散する個人の行動を間接的に規律するための結節点としての機能を有することになる。第3章「法」で紹介した、検索エンジンの検索結果から特定の情報の削除を可能にしようとするヨーロッパ連合（以下、EUと略記）の「忘れられる権利」のアプローチは、検索エンジンという媒介者を通じて、インターネット上の情報流通に対して広く実効的・効率的な規律をおこなおうとする施策の典型例である。

　媒介者を通じた共同規制の事例としては、モバイル分野での青少年有害情報への対応をあげることができる。わが国で2008年に成立した「青少年が安全に安心してインターネットを利用できる環境の整備等に関する法律」、いわゆる青少年ネット環境整備法では、青少年の利用者がモバイル端末から犯罪や自殺の誘引、わいせつ、残虐な情報といった有害情報を掲載するサイトにアクセスすることを抑制するために、携帯電話事業者に青少年利用者向けフィルタリングサービスの提供を義務づけている。一方で、どのようなウェブサイトをフィルタリングの対象にするかの詳細な基準策定は民間の事業者に委ねられ、民間の第三者機関であるモバイルコンテンツ審査・運用監視機構がその基準策定と運用をおこなっている。特にSNSなどのコミュニティー・サイトに関しては、同機構から健全サイトとしての認定を受けなければ携帯電話を通じて青少年にサービスを提供することができないため、大手のソーシャルメディア事業者らは、有害情報の流通を抑止するためのメッセージ監視やサイトパトロールなどの体制を自主的に整備している。個別の有害情報の発信者や、携帯電話を利用する青少年には直接的なはたらきかけをしなくても、携帯電話事業者という媒介者を規制することで業界全体の自主規制を喚起し、情報流通に対する間接的な規律づけをおこなっているのである。

インターネット上では、大規模な媒介者が定める私的なルールが情報流通に対して有する影響力がきわめて大きい。法制度としては、そのルール内容に対するはたらきかけや方向づけをおこなうことが、消費者の安全・安心の確保をはじめとした政策目的を達成するうえでの主要な手段になる。一方で、媒介者を通じた情報流通への過度な公的介入は、公権力が私たちの表現活動に対して不透明な制約を課そうとする、間接的な検閲ともいうべき問題を生じさせる恐れがある点にも留意しなければならない。一人ひとりの情報発信者が、事実上自らの行動を規制することになる私的な媒介者の作り出すルール、そしてそれに対する国家の介入が適切なものか否かを常に意識し続けることが求められる(5)。

4 │ 国際的なルール形成の可能性

　共同規制は公私の複雑な協力関係のなかで形成されるため、国ごとのルールの相違や、海外から見た場合の不透明性を生じる可能性は、通常の法規制よりも高いものになりうるという問題がある。通常の法規制の場合、国際的整合性の実現のためには国際条約などを通じた平準化がおこなわれることが多いが、国際条約は通常国内法よりも修正や撤廃が困難なため、柔軟性が求められるインターネット分野の法規制では実現しがたい場合が多い。さらに、規制対象となる情報は各国の価値観や歴史的背景によっても大きく異なりうることから、国際的な平準化を図ること自体が困難な場合がある。このような国際的な非整合性は、今後の国際的情報流通の拡大のなかで、より大きな問題になるものと考えられる。

　共同規制の国際的整合性を図るために考えられる一つの方向性は、各国の共同規制構造のなかで形成されたルールについて、国

家間での相互承認をおこなうことである。例えば、EU 全体の個人情報保護法制を定めるデータ保護指令では、十分なプライバシー保護水準をもたない EU 域外の国々とのデータ取り引きを禁じている。そのため、包括的な個人情報保護法制をもたないアメリカとの関係性が問題になった結果、ヨーロッパ委員会とアメリカ商務省の間で合意されたルールの枠組みに自主的に参加するアメリカ企業だけに EU とのデータ取り引きを可能とする、「セーフハーバー協定」の締結による対応がおこなわれている。さらに現在 APEC（アジア太平洋経済協力）では、多国間で合意された共通のプライバシー原則に対する企業の適合性を、各国内の民間団体や政府機関が審査・認証し、加盟国間の参加企業のプライバシー保護水準共通化を図る「越境プライバシールールシステム」の構築が進められている (6)。各国の規制システムの多様性を保ちながら、ルール内容の漸進的な国際的平準化を図る手段として機能することが期待される。

5 | 自由と安全の両立のために

ソーシャルメディアで新たな問題が生じ続ける現在、事業者、そして私たち個人を含めた情報発信者による自律的な問題解決をおこなわなければ、政府の介入の増大に歯止めをかけることはできない。また政府の側としても、そのような民間の自律的な秩序形成を活用しなければ、進化し続けるインターネットに対する実効的な統治自体が困難になりつつある。ソーシャルメディア社会の自由と、消費者の安心・安全を両立するために、公と私の連携に基づく共同規制の枠組みを確立していくことは不可欠だと考えられる。

> **考えてみよう**
>
> ❶ 人々が自主的に自分たちに適用されるルールを作ろうとするとき、背景にはどのような要因が存在しているか。また、それが守られなくなる場合の要因は何か。
>
> ❷ 本章であげた事例のほかに、最近のインターネットに関わる社会問題のなかで、今後共同規制による対応がなされることが望ましい問題は何か。
>
> ❸ 産業界の自主規制を促していくための国家や法律の役割として、どのような手段をあげることができるか。

注

(1) わが国の個人情報保護法については第3章「法」を参照。
(2) わが国の個人情報保護法でも、産業界の自主的な取り組みを促すための認定個人情報保護団体制度が置かれ、40以上の認定団体が分野ごとの特性に合わせた自主規制ルールを策定している。個人情報保護委員会「認定個人情報保護団体一覧表」(https://www.ppc.go.jp/personal/nintei/list/)
(3) ステルスマーケティング問題の詳細については第5章「広告」を参照。
(4) インターネット広告推進協議会（JIAA）「ネイティブ広告に関するガイドラインを策定」(http://www.jiaa.org/release/release_nativead_150318.html)
(5) 情報流通への影響力が強いソーシャルメディア・プラットフォームによる世論誘導などのリスクについては第7章「キャンペーン」を参照。
(6) 経済産業省「APEC－越境プライバシールール（CBPR）システム」(http://www.meti.go.jp/press/2016/12/20161220004/20161220004-1.pdf)

文献ガイド

ジョナサン・ジットレイン
『インターネットが死ぬ日——そして、それを避けるには』
井口耕二訳(ハヤカワ新書juice)、早川書房、2009年

　安全への要求の拡大が、誰もが自由に情報を発信できるインターネットの環境を変質させつつあるなか、どのようにしてイノベーションの源泉である「生成力」を保ち続けるかを論じる。

ローレンス・レッシグ
『CODE VERSION 2.0』
山形浩生訳、翔泳社、2007年

　アーキテクチャ・法・市場・社会規範という4要素を中心とする、情報社会での規制概念の基本構造を示した、インターネットに関わる法政策全般を考えるうえでの必読書。

Ian Brown and Christopher Marsden,
Regulating Code: Good Governance and Better Regulation in the Information Age,
MIT Press, 2013.

　プライバシーや著作権、青少年保護をはじめとするインターネット上の各種制度的課題について、共同規制アプローチの可能性を論じた書籍(未邦訳)。

第13章

システム
システムで新たなつながりを作る

五十嵐悠紀

> **概要**
>
> つながりすぎたソーシャルメディアに対して、システムによる「つながらない」という設計を利用することはできないだろうか。匿名化やノイズが交ざるように設計することで、フィルターバブルに包まれた心地いい空間を作り、そこに、新たな発見や出会いを生み出す研究が始まっている。

1 | つながりすぎたソーシャルメディア社会

ソーシャルメディアが普及したいま、世の中はどう変わってきたのだろうか。以前は一般市民が入手する情報といえば、マスメディアを通じてであり、インターネット上の情報に関しても信頼できる機関が発信するものがほとんどだった。いわば、情報を受け取る立場にいたのである。しかし、ソーシャルメディアが普及し、誰もが気軽に情報を発信できるようになったいま、多様な情報が氾濫し、信頼性の欠如をはじめとしてさまざまな問題点が浮

かび上がってきている。

　このような現状に対して、私たちの研究会では具体的に
・情報の信頼性の欠如
・ニュースの多様化と報道倫理の変容
・第三者によるプライバシー暴露や誹謗中傷など「私刑」の拡大
・被害者が守られない制度の不十分さ
・リテラシー教育の不十分さ
などをあげて、法的側面や技術的側面から取り組んできた。現状では、ソーシャルメディアを利用する全員が情報の真贋や重要性を見極めるトレーニングを受けているわけではない。その結果、デマや不正確な情報や重要でないことがさも重大なニュースとして拡散するといった現象が起こっている。

　一口にソーシャルメディアといっても、具体的には「Twitter」「Facebook」「LINE」などさまざまなプラットフォームが存在する。現実世界のコミュニケーションと同様、オンラインでコミュニケーションすること自体が文化として確立されてきていて、現代の若者にはなくてはならないコミュニケーション手法の一つになっている。ソーシャルメディアでつながることの特徴としては、現実世界ではなかなか会えない人とも気軽にコミュニケーションがとれたり、グループ機能などを使うことによって、オンライン上に同じ場を共有することができ、コミュニケーションしたりディスカッションしたりすることが可能になる。写真の共有なども簡単にできる。

　一方、利点があれば、ソーシャルメディアならではの欠点も存在する。匿名や実名など使い分けている人も多いが、匿名で情報を発信しているつもりでいても、それは「匿名」ではない。仲間内の井戸端会議のつもりであっても、全世界に公開した情報の一部かもしれないのだ。これは自らが発信した情報だけに限った話ではない。友人A、友人B、大学からの公式情報など複数の側面

からの断片的な情報が集まることで、個人を特定したり、プライバシーを立体的に浮かび上がらせたりすることができる(1)。また、ソーシャルネットワーク上の友人関係、交友関係をグラフとして可視化することで見えてくる人間関係もある。「Facebook」で勝手に人からタグ付けされることで第三者に秘密がバレるといったこともあるだろう。すべての情報が集約されることで、居心地がいい空間ではなくなってしまうのである。

　私たちは、第三者によって望まれないかたちでプライバシーが公開されてしまうことを「オープンプライバシー」と定義し、その対策を論じてきた。この第三者とは人だけではなく、モノやシステムも含むと考えている(第2章「技術」や第10章「モノ」を参照)。

　インターネット上に一度広がった情報は基本的には回収できないと考えたほうがいい。該当ページを依頼して削除してもらったとしても、すでに世界中の多くの人の目にさらされたうえ、キャッシュ、魚拓、転載、リツイートなどといったさまざまな手段で広まっていく、ということを再認識すべきである。そして、こういった情報は、いま現在はいいと思って公開したとしても、将来どうなるかわからないのである。

　過去にインターネット上に載ってしまった情報に関して、「消してほしい」「なかったことにしたい」ということがあったりしないだろうか。こういった情報をインターネット用語で「黒歴史」と呼ぶようになってきた。よくニュースになるのは過去の違法行為や悪ふざけなどだが、「元カレ、元カノ」などといった恋愛関係などにまつわる黒歴史などが数多く存在するのも事実である(第3章「法」を参照)。

　「ソーシャルメディアでつながる」ことは本当にいいことなのだろうか。ソーシャルメディアの登場で、誰もが参加できるパブリックな空間が提供され、新たな言論空間の誕生だともいわれた。しかし、「2ちゃんねる」「Twitter」「Facebook」「LINE」……と

普及したソーシャルメディアの流れを見てみると、よりクローズドで小規模なネットワークを求めているようにも見える。リスクを避けて平和に暮らそうとしている深層心理の現れではないだろうか。

　小学校から高校までの友人や家族と離れて都会に出てきた大学生にとっては、新しい出会いがあり、これまでとは違う人間関係が形成できる、「地縁をリセットした新しい関係性」が待っているはずだった。学生によってはこれまで貼られていたレッテルから逃れることができたかもしれないし、新しい自分を作っていくチャンスでもあったはずだ。しかし、ソーシャルメディアの普及によって、「無縁」の世界を作り出すことが難しくなった。都市部で知り合った人たちとも「LINE」でつながり、さらには家族や地元の友人ともつながっているケースが多いからである。

　インターネットは、初期の頃はリアルな生活空間とは遮断されたものだったが、いまは逆に生活空間を束縛するものになっているのではないだろうか。いわゆる「デジタルネイティブ」であれば、つながりが切れないまま、ライフステージを歩み続けることになるかもしれない。数十年後、どのようなつながりが形成されているのかはいまの私たちには想像もつかない。

　せっかく都市に出てきたのに、「縁切り」ができないまま、ソーシャルメディアでのつながりに縛られてしまう。そんな事態を打開するために、私たちは「ソーシャル断食」という言葉を提案する。徹底的に切り離すためには、全寮制のような外から隔離された場が求められているのかもしれない。ソーシャルメディアで「つながらない」という選択肢もあることをふまえて、技術的側面からの解決の可能性を探ってみたい（第8章「都市」を参照）。

2 | つながらない設計による解決

　現状のソーシャルメディアでは、放っておけば「匿名性」はますます縮小して、「縁」の世界に縛られることになる。ソーシャルメディアのなかでも、人が日常の「縁」を断ち切り、自由に振る舞える場や状況を意図的・制度的に作り出す、そうしたものの価値を社会的に認めていく、といったことが必要ではないか。ソーシャルメディアを使うが、「つながらない」という設計を利用することはできないだろうか。

　例えば、「k-匿名化」というものが存在する。「k-匿名化」とは匿名にしたデータから個人を識別するのは困難であることを示す安全性の代表的な指標であり、「複数の項目で同じ値の組み合わせが少なくともk個存在すること」を表している。kの値が大きいほどプライバシーのリスクは小さくなる。kの値がどのくらい大きければ安心かというのは、それぞれのデータによって異なるため一概にはいえない。しかし、ソーシャルメディアによる膨大なデータを匿名化した状態で利用する研究はすでに始まっている。

　人工知能の国際会議AAAI2012で発表された事例に、ニューヨークの地図、「Twitter」のタイムライン、「Foursquare」のデータを解析することで、インフルエンザの感染が拡散されていく様子を可視化したものがある(2)。ソーシャルメディア上のデータ（ツイート情報）から「インフルエンザ」という項目と位置情報さえあれば解析が可能であり、年齢、性別、人種、職業などといったその他のプライバシー情報についてはこの解析には使われていない。ソーシャルメディアのデータを用いながらも匿名性を保ち、人々に対して有益な情報を可視化して提供することができるのである。

NTT セキュアプラットフォーム研究所では、さらに進んだ「Pk-匿名化 (3)」という手法について研究を進めている。Pk-匿名化は、個々のデータを確率的に変化させる処理をおこなうことでデータが誰のものであるかをわからなくさせるといった仕組みを使っている。この確率的に変化させる過程で、誰のデータであるのかをk分の1以上の確率で当てることができないよう制御していて、「確率的なk-匿名性」だといえる。その後、機械学習の手法「ベイズ推定」を適用させることで、実用的な分析に耐えうる有益な「匿名データ」を作成するのである。

　また、プライバシー保護データマイニング (Privacy-preserving Data Mining: PPDM (4)) は、確率論や暗号理論の手法を応用することで、個人情報や機密情報など取り扱いに注意を要する情報を含むデータの内容を一切開示することなく、データのなかから本質的に必要な知識や知見だけを獲得・共有する枠組みであり、医療情報からのデータマイニングなどで導入が進んでいる。

3｜ノイズが交ざる設計による解決

　ソーシャルネットワークでありがちなのは、「自分のタイムラインの情報は偏る」ということである。自分と意見や状況が似た人をフォローしたり友達申請したりしていることが多いため、おのずと自分のタイムラインは「自分にとって居心地がいいタイムライン」になりがちである。そのため、自分では情報収集をしているつもりでいても、情報が偏ったなかでの収集であることを意識する必要がある。

　自分が明示的にフォローしていない人の情報が表示されるようになったのが「Twitter」である。「Twitter」のタイムラインは従来、自分がフォローしている人のツイートが時系列で並ぶ場だ

った。しかし、2014年8月の「Twitter」のポリシー変更によって、関連性が高いだろうと推測されるツイートや人気のツイートなどが、自分がフォローしている人のツイートに交ざって表示されるようになった。「Twitter」側は、このようにフォローしていないユーザーの発言やリツイートされていないコンテンツがタイムラインに表示されることを、「新規ユーザーにとって、自分がフォローすべき新たな人やコンテンツを見つけやすくするため」と説明している。実際には、こういった「ノイズが交ざる設計」をすることで、つながりすぎた「偏ったタイムライン」を緩和することができるだろう。

また、ソーシャルメディアでは、「日本代表が2―0で勝利！」「犯人は〇〇！」など、「ネタバレ」に遭遇してがっかりしてしまうこともある。これも興味関心によりつながりすぎている弊害といえるだろう。明治大学の中村聡史准教授らは、こういった場面で使えるような、「ネタバレ防止ブラウザ」の研究を進めている(5)。具体的には、ネタバレ防止手法として、①非表示：ネタバレと思われるものをすべて消してしまう、②墨塗り：ネタバレの部分だけを黒く塗りつぶしてしまう、③木の葉を隠すなら森のなか作戦：嘘の情報を大量に紛れ込ませることでどれが本当かわからなくしてしまう、④結果反転：正しい情報と正反対の情報を紛れ込ませることでどちらが本当かわからなくしてしまう、の4種類を提案している。

4 | フィルターバブルによるセレンディピティーの減少

このように、ソーシャルネットワークをはじめとしたウェブの世界ではものすごい勢いで「パーソナライズ化」が進んでいる。例えば、「Google」の検索は誰に対しても同じ結果を返している

わけではない。これはなぜかというと、各ユーザーのログイン場所やブラウザで過去に検索した言葉などの情報を使って、そのユーザーがどういった人物でどういうものを好むかを推測したうえで、その人個人に最適化した情報を提示しているからである。これを「パーソナライズドフィルター(6)」という。

ニュースやブログ記事、「Twitter」などのつぶやきに至るまで、多くの情報に私たちは直面していて、このスピードについていくのは大変難しい。こういった場面で、パーソナライズ化されたフィルターは非常に魅力的である。パーソナライズドフィルターを使えば、知るべき情報や見るべき情報などを見つけやすくなるからである。

一方で、このようなフィルター機能によって一方的な見地に立った情報しか手に入らなくなることを「フィルターバブル」と呼ぶ。自分が見たい情報だけを見ることができるようになることで、ほしい情報に素早くたどり着けるといった利点がある一方で、自分が知らないことや反対意見などは検索結果として生じにくくなるため、フィルターの強度によってはユーザーが操られてしまう懸念がある。「Amazon」からすすめられる商品、「楽天」から送られてくるメールマガジン、おすすめ商品の表示、購入履歴、閲覧履歴、「Google」の検索ワード、「Google メール」にきたメールのテキスト情報……。これらの細切れの情報をつなぎ合わせることで、特定のユーザーに特定のものを買わせたり特定の行動をとらせたり、といったことも可能になるかもしれない。加えて、フィルターバブルには「見えない」といった問題点もある。フィルターバブルの内側から見たかぎりでは、その情報がどれほど偏向しているのかまずわからないのが現状である。

このような行き過ぎたテクノロジーを制御するために、「オプトアウト」ボタンがある。検索したりウェブサイトを閲覧したりするたびに何度も表示される「広告」をそのままにしておくので

はなく、非表示にしたり、なぜこの広告が表示されるかの理由（「25歳から34歳の女性に表示しています」のような理由）を表示したりすることができるものもある (7)。

フィルターバブルの副作用の一つは、セレンディピティー (serendipity) を減少させることだとされている。セレンディピティーとは、何かを探しているときに探しているものとは別の価値あるものを見つける能力や才能を指す言葉である。偶然見つけた検索結果や自分が意図しなかった情報から、これまでとはまったく違った方針で解決することができるかもしれない。そういったものに遭遇する可能性がフィルターバブルによって減少するのである。

このセレンディピティーの減少を技術で解決しようとする研究もされている。IPA 未踏ソフトウェア創造事業で採択された技術「Information Fishing (8)」では、情報検索と情報提示をともに空間性を備えたなかでおこなうことで流動性や確率性を付加し、偶然の検索結果に遭遇するといったことをおこなっている。受動的に情報を得ることに主眼を置いた研究には、ウェブ上の情報を流し見するための UI を備えたウェブブラウザ「Goromi-Web (9)」や、眺めるインタフェース「Memorium (10)」なども発表されている。このような研究の方向性はいずれも「思いがけない情報の発見をサポートする」ものであり、これらのような技術を積極的に使うことでセレンディピティーを増加させることができると期待されている。

5 | 人や機械による編集の課題

ウェブ上のまとめサイトをはじめとするさまざまなサイトやコンテンツでは、人や機械による編集の課題もあげられる。「ハフ

ィントンポスト」では、コメント空間編集機能を使っていて、機械的もしくは人的にカットすることで意図的に表示するコメントを操作している。外部の専門家投稿記事（ブログ）を重視し、投稿コメントの事前選別をおこなうことで、サイト全体の言論の質の担保と自社リソースだけにとどまらないソーシャルな言論空間を実現しようとしている。そのため、利用する私たちはそこに掲載されている情報が「操作された情報」であることを認識して使う必要がある。

　また、ベネッセの「ウィメンズパーク」という日本最大級の女性専用口コミサイトのなかでは、「施設探し」コーナーで、地域の病院探しから幼稚園探しまで口コミが投稿されていて非常に便利である。しかし、この「施設探し」は「施設の満足した点やオススメのポイント、施設のよかったと思われた点を具体的に投稿していただくコーナー(11)」と規約に明記していて、欠点や不満な点などが書かれた口コミはそもそもサイトに掲載されない。ベネッセのように、規約に明記しているケースはまだいいが、どこにも明記せずに意図して「ノイズを削除する」ケースも存在する。そのため、口コミにいい情報ばかりが書いてあるからといって、必ずしもそれを百パーセント信頼することはできないのである（第5章「広告」を参照）。

　機械によるアルゴリズムが変更されることで表示される情報が変わることもある。例えば、Facebookの創業者であり会長、CEOでもあるマーク・ザッカーバーグは2018年1月12日（日本時間）に自らの「Facebook」アカウントで、ニュースフィードに表示される情報には、友達や家族の投稿を優先し、企業やメディアからのニュースの比率を下げるアルゴリズムに変更することを投稿した(12)。これまでにもニュースフィードのアルゴリズムの変更は何度もおこなわれているが、そのことに注目して「Facebook」を使っている人はどのくらいいるだろうか。このよ

うに同じソーシャルメディアであってもアルゴリズムを変えることでより快適な空間にも、また逆の方向にもなりえるのである。

6 ｜ 情報リテラシー教育の必要性

　情報をどこまで信頼していいのか。これまであげてきたような現状からも、ソーシャルメディアを使う人々の情報リテラシー、つまり「情報を適切に入手して、真偽を見抜き活用、理解および判断する能力」を向上させる必要がある。そのためにはどうすればいいのか。

　そもそも位置情報や写真流出、情報流出などに伴うソーシャルメディアでの事件なども、根本は自分が発信した情報であることが多い。デジタルデータの「情報の一部だけが切り取られること」に注意を払って情報発信している人はどのくらい存在するだろうか。位置情報や写真、文字情報などを安易に公開するのは危険なのである。また、自分では位置情報や文字情報などを安易に公開していないつもりかもしれないが、特定されてしまうケースも考えられる。

　例えば、140文字のツイートの一部だけを取っていくつか並べると文脈が変わってしまうことがあるが、こういった状況の際に、発言した人間には文脈をどうするのか選択する余地はない。切り取る側が選択することになるのである。情報を集めてまとめることは便利だし、面白い情報にふれることもできるようになるが、さまざまな問題も生じうるのである。

「Facebook」の公開範囲の設定など、ソーシャルネットワークによってはかなり細かく設定することが可能になっている。しかし、一般ユーザーはそれをどこまでコントロールして自分の情報を守っているのだろうか。また、リツイートやシェアをする際に

図1 「Facebook」のプライバシー設定を見たことがあるだろうか。見たことがない人はぜひ自分の設定をいま一度チェックしてみてほしい

は情報の真偽を見抜いているのだろうか。実際にはデマかどうか本人もわからず情報を拡散していることも多いのである。

ソーシャルメディアは発言する場そのものが変化し続けている。そのため、すべてのプラットフォームのログを監視し、問題がある発言を発見して可視化することができない点が難しいとされている。ソーシャルメディアの信頼性を確保するために、「Twitter」の「認証済みアカウント」のように本物かどうかを知る術を用意しているツールも増えてきている。しかし、現状ではこの機能は、芸能人や政治家などのように発言に影響力がある人、偽物の出現を食い止めるため、といった用途で使われていて、本当に必要な情報の信頼性を確保しているとはいえない。

ソーシャルメディアのタイムラインで真偽がわからない状態を指摘してくれるような機能は技術的には可能である。例えば、タイムラインの前後関係や自然言語処理、参照関係などからデマを発見するアルゴリズムが提案されている(13)。過去に間違った情報を流したユーザーであるかどうかが可視化されるような仕組みを作ることも技術的には可能である。しかしそのためには過去

のすべてのログを名寄せして持ち続けている人、もしくは会社が必要になってくる。ユーザー中心の分散 ID 認証システム「OpenID (14)」が現在のプラットフォームでの、ユーザーの同一性を判断するうえでの突破口の一つだが、どの情報を対象にしてどの情報を対象から外すのか、個人情報保護や倫理面での問題が発生しうる。

　インターネットの歴史や技術的な歴史に関しては第2章「技術」を参照してほしいが、新たなコミュニケーションのツールを使って、これまでにない新たな種類のコミュニケーションがおこなわれるようになってきている。今後もさらにコミュニケーションのかたちは変化し続け、私たちが想像しないような「つながり」が広がるかもしれない。

　例えば、ネット上ではヘイトスピーチ（憎悪表現）が出やすいといわれている。話すときにはマナーを守るのが常識だが、「何がマナーなのか」についての合意が必ずしもあるとはかぎらない。ネットの登場で言論のあり方がさらに変化しているのに加えて、匿名性もあるため、ヘイトスピーチが出やすい状況になっていると考えられる。また、口で言われれば冗談ですむ内容でも、テキストではきつく見えることもある。こういったなかで、「リツイート」や「シェア」などでゆるやかにつながるコメント空間を好む人たちも多い。リツイートの仕組みは、自らの発言によるリスクを避ける（爆弾を受ける、あるいは爆弾を恐れて発言を避ける）といった弊害を少しだけ減らすことができるやり方の一つとして魅力があるのではないだろうか。

　このようにして、ラフにつながったソーシャルメディアが残っていくのかもしれない。

> **考えてみよう**
>
> ❶ 断片的な情報でも複数の情報が集まってくることでどのようなことがわかるか。それによってどのような影響が出るか。
> ❷ 学校の保護者会などで「連絡を受け取るために「Twitter」を見るように」と言われることが多いが、ここで「フォローしてはいけない」。なぜなのか考えてみよう。
> ❸ 便利な技術の利用とプライバシーを守ることを両立させるために、どのようなシステムが考えられるか。

注

(1) アメリカのネットビデオレンタル大手の「Netflix」がコンテストのために公開した匿名の貸し出し履歴のデータと誰でも閲覧可能な映画データベースサイトの書き込み情報から、利用者の特定が可能になるという論文が発表されて問題になった。

(2) Adam Sadilek, Henry Kautz and Vincent Silenzio, "Predicting Disease Transmission from Geo-Tagged Micro-Blog Data," *Proceedings of the National Conference on Artificial Intelligence*, 1, 2012.

(3) 「ビッグデータ時代における新たなパーソナルデータ匿名化システムを開発――高度にプライバシー保護したままに、データの利用価値を高いままとする」「NTT持株会社ニュースリリース」(http://www.ntt.co.jp/news2014/1402/140207b.html)

(4) 佐久間淳／小林重信「プライバシ保護データマイニング」、人工知能学会編「人工知能学会誌」2009年3月号、人工知能学会

(5) 中村聡史「ネタバレ防止ブラウザの実現」「第18回インタラクティブシステムとソフトウェアに関するワークショップ (WISS 2010) 論文集」日本ソフトウェア科学会、2010年、41―46ページ

(6) 「Facebook」の「いいね」も同じである。「いいね」を押すと、「こういうページを出したときにこの人はいいねを押したり、クリックしやすい」といった情報が毎日学習されているのである。

(7) iPhoneなどで「プライベートブラウズ」というものが存在する。これをオフにすると、訪問したウェブサイトのページ、検索履歴、自動入力情報などがトラッキングできないようブロックすることができる。
(8) 小林正朋／五十嵐健夫「Information Fishing——即応的な情報検索と持続的な情報提示の統合」「第13回インタラクティブシステムとソフトウェアに関するワークショップ（WISS 2005）論文集」日本ソフトウェア科学会、2005年、63—68ページ
(9) Goro Otsubo, "Goromi-Web: browsing for unexpected information on the web," *C&C '07 Proceedings of the 6th ACM SIGCHI conference on Creativity & cognition*, 2007, pp.267-268.
(10) 渡邊恵太／安村通晃「ユビキタス環境における眺めるインタフェースの提案と実現」、情報処理学会編「情報処理学会論文誌」2008年6月号、情報処理学会
(11) 「利用規約」「ウィメンズパーク」（http://women.benesse.ne.jp/）
(12) 「Facebook」のマーク・ザッカーバーグが自身の「Facebook」ページでニュースフィードのアルゴリズムを変更することを発表した（https://www.facebook.com/zuck/posts/10104413015393571）。
(13) 鍋島啓太／水野淳太／岡崎直観／乾健太郎「マイクロブログからの誤情報の発見と集約」、言語処理学会編「言語処理学会第19回年次大会（NLP2013）発表論文集」言語処理学会、2013年（http://www.anlp.jp/proceedings/annual_meeting/2013/pdf_dir/Y2-4.pdf）
(14) 「OpenID ファウンデーション・ジャパン」（http://www.openid.or.jp/）

文献ガイド

ウィリアム・H・ダビドウ
『つながりすぎた世界——インターネットが広げる「思考感染」にどう立ち向かうか』
酒井泰介訳、ダイヤモンド社、2012年

　インターネットが登場したことで出てきた悪の側面（「Twitter」やブログの炎上事件、個人情報流出問題など）を提示し、つながりすぎた世界でどのようにすればいいか問いかける本である。

ウィリアム・パワーズ
『つながらない生活──「ネット世間」との距離のとり方』
有賀裕子訳、プレジデント社、2012年

　インターネットにつながりすぎた現代で、古今の賢人の知恵を例にあげて、どのように適度な距離をとっていけばいいかを実践的に述べた本。

イーライ・パリサー
『閉じこもるインターネット──グーグル・パーソナライズ・民主主義』
井口耕二訳、早川書房、2012年

　情報過多の現代で自分好みの情報を提示してくれるフィルタリング技術。便利な機能の裏に潜むフィルターバブル問題を問いかける、「ニューヨーク・タイムズ」ベストセラーの日本語訳。

第14章

教育
「発信者」としての大学生はどうあるべきか

一戸信哉

> **概要**
>
> ソーシャルメディア利用者として過渡期にある大学生のあり方を考えるのが、本章の目的である。ソーシャルメディア上で、相手に応じた複数アカウントを使い分ける大学生は、就職活動で「公式」の自分に向き合うことになるが、それ以前に「炎上」してしまう危険もあり、各大学はガイドラインを作成するなどして、学生の意識の向上に努めている。大学で「学生発」メディアの制作に関わる学生は、客観性やニュースバリューなどを判断しながら、発言する自分自身の「公式」の顔を意識する機会も多い。それらの活動事例から、「発信者」としての大学生の可能性を考えたい。

1 | 大学生と「炎上」

ソーシャルメディアの利用の増加とともに、ソーシャルメディアへの投稿による「炎上」トラブルが日常化するようになった。

不適切な投稿は世代を問わず見られるが、10代の若者によるものは特に注目を集めやすい。10代の若者は、保護者から徐々に独立して自らの判断で行動する過渡期にあり、その判断の誤りがソーシャルメディアへの投稿に現れやすいからとも考えられる。ソーシャルメディアによる「炎上」がもっとも注目されたのは、2013年に、飲食店やコンビニエンスストアなどのアルバイト店員による不適切な投稿が相次いで炎上し、「バイトテロ」と呼ばれた時期だ。このとき問題になった投稿の多くも、学生によるものだった。例えば、飲食店の冷蔵庫や食器洗浄機に入り、その写真を投稿する事例が相次いだが、多くのケースで投稿者はアルバイト学生だった。また、USJ（ユニバーサル・スタジオ・ジャパン）で迷惑行為をおこなってその様子を「Twitter」に書き込んだのも大学生だったし、患者から摘出された臓器を撮影して「Twitter」に投稿して問題になったのも専門学校生だった。その後、一定期間で消える動画や写真の投稿を可能にするサービスが増えるなどSNSのあり方や使われ方も多様化し、投稿先を慎重に考慮するユーザーも増えたようにも見えるが、依然として問題は起きている。16年には、都内の大学生グループが深夜にスーパーマーケットの売り場でダンスを踊り、その様子を動画で投稿して炎上した。

　多くが18歳で入学する大学では、大学生は分別ある「成人」の「発信者」として扱われ、発信力を高める機会も用意されるべきだが、その前提となる情報リテラシーを大学1年生にどこまで期待するべきかという課題もある。本章では、過渡期にある大学生に対する教育とソーシャルメディアについて考えてみたい。

2 │「キャンパス」という聖域は崩れた

　大学は、学生、教職員、さらには卒業生、保護者、地域住民など多様な「関係者」を抱えた存在であり、これらの人々によってさまざまな情報が大学というコミュニティーの内外に発信されてきた。そのとき大学のキャンパスという空間は、研究教育活動から学生の活動まで、さまざまな活動に関わる表現の自由を保障してきた。

　例えば、学園祭のゲストに誰が来たか、「ミスコン」グランプリは誰だったか、というようなトピックは、大学名とともにニュースに登場する。しかし、その主催が大学自身であるかどうかは、実はあまり注目されていないし、大学も強いコントロールを及ぼしてきたわけではない。

　大学は自治を守ることで学問の自由を確保するという考え方に立ち、制約を受けない自由な議論を保障するとともに、その延長線上で、あるいは派生的な効果として、学生やその他構成員によるやや羽目を外した行動にもある程度寛容だった。しかし近年ソーシャルメディアの普及によって、この「聖域」は崩れつつある。「キャンパス」で起きている出来事の多くがソーシャルメディアに流出し、羽目を外した行動もまた容易に外に漏れ出すため、大学の管理責任を問う声も高まってきている。

　大学は、学生のソーシャルメディアでの不用意な言動を大学自身のブランドを大きく毀損するリスクとして認識しているが、その一方で教育機関としてどのように指導し、学生の将来にも影響しかねない事態を防ぐのか、教育上の課題とも考えている(1)。大学生は、高校までとは異なり、学外と接点をもつことも多い。大学の研究活動でも、学外の講師や調査協力者と交流する機会は多いし、それ以外でも学生活動やアルバイトで、多くの人々と交

流し協力する場面がある。当然そのつながりは、ソーシャルメディア上に反映される可能性も高い。ソーシャルメディア利用者として過渡期にある大学生は、どのようなリテラシーを備えていくべきなのだろうか。

3 | 複数アカウントで「キャラ」を使い分ける

インターネット上に現実とは異なるバーチャルな別の人格をもつとどうなるのか。これは、何度となく取り上げられてきた。

1996年に公開された日本映画に、パソコン通信上での男女の関係を描いた『(ハル)』(監督：森田芳光) がある。この映画では、パソコン通信上でハンドルネームを使って交流する男女が、互いの存在を慎重に確認しあい、やがて生身の人間として対面するまでを描いている。アメリカ映画の『ユー・ガット・メール』(監督：ノーラ・エフロン、1998年)、韓国映画の『接続 ザ・コンタクト』(監督：チャン・ユニョン、1997年) と、同時期に各国で類似するテーマで映画が公開されているのは非常に興味深い。2007年頃日本でも話題になったサービス「Second Life (セカンドライフ)」もまた、アバターを用いて、現実世界とは異なる仮想世界で第二の人生を送るというコンセプトである。

ただし、「別人格」をめぐる状況は、バーチャルとリアルの使い分けよりも、リアルに軸足を移しながらより複雑化しているように見える。2015年2月におこなわれた「若者まるわかり調査2015」によると、「Twitter」で複数アカウントをもつユーザーは高校生で62.7パーセント、大学生で50.4パーセント。高校生で平均3.1個、大学生で平均2.5個のアカウントを使い分けているという(2)。

同じ調査のなかでは、普段の生活のなかで使う「キャラ」の数

について、高校生5.7、大学生5、20代社会人4という結果も出ている。現実社会での人間関係のなかに、性格や趣味・指向などを含めた「キャラ」が複数あり、それに応じて自分から共有する情報を使い分けたいという気持ちが、ユーザーのなかに定着しているのだろう。その「キャラ」の一部として、かつてバーチャルな別の人格と考えられていたものも含まれていると考えられる。

表1　高校生、大学生、20代社会人の「Twitter」アカウント数

平均個数	Twitter アカウント数
高校生	3.1個
男子	2.7個
女子	3.4個
大学生	2.5個
男子	2.6個
女子	2.5個
20代社会人	2.7個
男子	2.8個
女子	2.6個

(出典：電通総研「若者まるわかり調査2015」2015年)

一方、1人1アカウントで実名での使用を求められる「Facebook」については、同調査によると、高校生のアカウント保有率は40パーセント程度にとどまり、大学生で60パーセントに上昇する。複数のキャラを使い分けながらも、「公式」の自分を（「Facebook」などのSNSで）対外的に設定するのは、大学生からになっているようだ。

4｜就職活動とソーシャルメディア

複数アカウントでさまざま「顔」を使い分けている学生が、「公式」の自分の存在に向き合う必要に迫られるのが、就職活動である。「Twitter」などで使い分けている複数アカウントのうちの一つを「公式」の自分にすることもできなくはないが、かしこ

まりすぎて「公式」に何も書くことがなくなってしまっては意味がない。学生側から見れば、就職活動向けにどのようにソーシャルメディア上の自分の体裁を整えるかが、大きな課題になってきている。

一方、企業は、ソーシャルメディアでの発信内容から幅広く意欲的に活動をしている学生を見極めて選別し、コンタクトするチャンネルをもつことができれば、相互理解を深めた採用活動を効率よくおこなうことができる。おそらくこれが、いわゆる「ソー活」、ソーシャルメディアを利用した就職活動の、企業にとってのメリットなのだろう。「ソー活」という言葉は2011年頃から使われ始めていて (3)、企業の「Facebook」ページなどで学生が情報収集する行為を含めているケースもあるなど、多義的な用語である。

実際には、多くの普通の大学生は、就職活動のためにこれまで奔放に書き込んできたアカウントを削除したり、新たにアカウントを用意したりと、どちらかというと消極的に対応している。企業側も、蓄積された発信内容から有望な学生を見極めることはできるかもしれないが、もしそうだとしても、該当する学生は全体のなかでも非常に少数であり、結局は問題がある発言・行動がないか、ネガティブチェックをおこなうだけにとどまることになる。現在のソーシャルメディアが可視化するものだけでは、「まだ何者でもない」普通の大学生の将来性を見極めるのは難しいということになりそうだ。

ともあれ、多くの企業が、現在も応募者のソーシャルメディアをチェックしているのは確かだ。就職活動をする学生は、自分の公開アカウントは当然チェックされていると考えるべきだろう。では、大学生は入学時点から、あるいはそれ以前から、自らのソーシャルメディアでの発信内容を調整し、いわば「公式」の自分を設定していくべきなのだろうか。これからの大学生は、この点

の判断も迫られることになる。

5｜トラブル対策とソーシャルメディアガイドライン

　就職活動のためにソーシャルメディア上の「公式」の自分を整える以前に、大学在学中にソーシャルメディア上で大きな問題を起こし、将来に禍根を残してしまうこともある。ソーシャルメディア上での発言・発信によってネット上で激しい批判にさらされる「炎上」はどんなユーザーにも起こりうることだが、スマートフォンの普及によって、ソーシャルメディアの利用に慣れていないユーザーによる不用意な発言が、ネット上の批判にさらされることが増えている。個人的な発言の場所としてソーシャルメディアを利用しているつもりが、実際には多くの人々が見られる場所に書き込んでいたという事例も多いと考えられ、利用者の感覚が、ソーシャルメディアの仕組みに追いついていないともいえる。

　また「炎上」以外にも、特に中・高生などの未成年者の場合、学校内での「いじめ」などのトラブルがSNSを通じて起こるケースや、面識がない大人と接触して犯罪に巻き込まれるケースもある。こうしたトラブルも、ユーザーが誰にどんな情報を共有しているか理解していない結果、発生していることが多い。これらについては、深刻な被害の報道などの増加もあり、学校などでも対策の必要性が認識されつつある。

　テーマパークでの迷惑行為やコンビニエンスストアの冷凍庫に入った写真を投稿するなどの「炎上」事例が、2013年に多く発生し（あるいは多く報道され）て話題になった。しかしそれ以外にも、カンニングや飲酒運転を告白するツイートをしたケース、飲食店や病院を訪れた有名人の情報をツイートしたケース、集団で無銭飲食したことをツイートしたケースなど、以前からさまざま

な事例があり、高校生や社会人によるものに加え、大学生によるものも多数ある。自らの投稿で炎上する以外にも、交際相手をはじめ、自分以外の投稿によって意図せず情報が漏洩するケースもあり、周囲による投稿にもリスクが存在している。

　大学もこの状態を放置することができず、新入生などを対象とした啓発講演や啓発ブックレットの作成、ソーシャルメディアガイドラインによる周知などをおこなっている。高校までの教育課程では、学校での携帯電話の使用を禁止するなど「持ち込ませない」という対応をとるケースがあるが、大学生の場合、教室での使用制限はあるにせよ、ネット環境のキャンパスへの持ち込みそれ自体を禁止することは不可能だろう。そもそも、「炎上」発言の多くが大学の外でおこなわれている以上、キャンパスへの持ち込みに規制を設けることに「炎上」防止の効果はない。

　大学のソーシャルメディアガイドラインは、学生によるソーシャルメディアの利用を縛るものではないが、学生が加害者にも被害者にもならないよう、具体的な注意事項をまとめているものが多い。教育的配慮で特に評価されているものとして、2012年9月に公開された、聖心女子大学のソーシャルメディアガイドライン(4)を紹介する。現在は、ガイドラインのほか、「SNS利用の注意」「課外活動におけるソーシャル・メディアの利用について」の2つの文書とともに、「学生生活上の注意事項やルール等について」というタイトルで、ウェブ上に公開されている。ガイドラインでは、「ソーシャルメディアの利用における情報の扱い」として、「貢献できる参加者になる」「よく考えてから投稿する」「発信内容は、将来まで影響する」の3原則をあげるとともに、安全性とプライバシー保護に関する具体的な注意喚起、大学名を明示して発信する場合の注意事項を提示している。例えば、以下のような問いかけは、非常に具体的である。

大切な人が、あなたのことを、あなたが公開した記事や写真をもとに評価しても、大丈夫ですか？
あなたの公開しているプロフィールから、あなたの学科専攻の教員や学内外の友人はどんなイメージを抱くと思いますか。大学院入試の面接官や就職活動の面接者がこのプロフィールを見たら、どんなイメージを抱くでしょうか。将来、あなたが就職を希望している企業の人はどうでしょう。隣人、家族、両親はどうでしょう。どの情報を公開すべきで、どの情報を非公開にすべきか、考えていますか。

　またもう一つの事例として、2015年2月に明治学院大学が発表した以下の「SNSのための5つの合言葉」を紹介する。

友だちは、フリー素材じゃありません。
その個性の出し方、間違っていませんか？
デマの中継所にならないでっ！
昨日、SNSで何を見たか、思い出せますか？
歩きスマホは、歩く武器 (5)。

　この合言葉の特徴は、大学の学生広報委員が中心になって、学内アンケートもふまえながら学生たちが作成した点にある。大学が「上から目線」で作ったガイドラインは、たとえ内容が妥当でも、長すぎることもあってあまり読まれていないという問題意識から、容易に拡散しやすい短いメッセージを心がけたという。大学生は、保護されるべき未成年者の立場から、自ら責任をもって発信する立場に移行する過渡期にある。学生によるさまざまな炎上事例がある一方で、ソーシャルメディアの利用についてはそれぞれのユーザーのなかに行動基準が形成されていて、それらを共有することも可能である。わかりやすく、納得が得られるガイド

ラインを学生自らが作っていくというのは、アプローチ方法として非常に有効であり、ツールが変化して前提条件が変わっても、適宜更新できるメリットもありそうだ。

また大学生と中・高生では、利用実態に多少の違いはあるものの、ソーシャルメディアの使い方には連続性があるだろう。大学が作った自主的なガイドラインをさらにかみ砕いて中・高生に伝えたりともに考えたりするワークショップをおこなうことは、教える側と教わる側双方にメリットがありそうだ。例えば、兵庫県立大学竹内和雄研究室を中心に構成されている「ソーシャルメディア研究会」は、小・中学校などで出前講座をおこなっているが、全国の大学生が同種の取り組みを積み重ねることもできるだろう。

6｜「学生発」ウェブメディアの可能性

就職活動を契機として、「公式」の自分を意識する学生は多いが、在学中から「学生発」メディアに関わる学生の場合にはどうだろうか。メディアの制作に関わるなかで、客観性やニュースバリューなどを判断しながら、発言する自分自身の「公式」の顔を意識する機会も多いのではないか。個人がソーシャルメディアで発信することはいまや誰にでもできるようになったが、学生団体などが組織的にメディアを作るという活動の現状を確認してみよう。

「学生発」メディアとして以前から続く代表格として学生新聞がある。学生新聞は現在も一部の大学で発行が続いている。一般のスポーツ紙に似た学生スポーツ紙も、関東・関西を中心に、運動部が盛んな大学で大学名を冠した新聞を発行している。紙の新聞の発行は困難になりつつあり、ウェブに完全移行した「新聞」も出てきている。

図1 SFCの「いま」を伝えるメディア「SFC CLIP」

　もちろん、こうした「メディア」を標榜した団体でなくとも、学生団体自身がウェブメディアをもって発信する動きも進んでいる。例えば、体育会などの大学公認団体のなかには、学生スポーツ紙の取材を待つばかりでなく、自分たちの活動内容をウェブページで積極的に発信しているケースも多い。

　ウェブをベースとした学生メディアはいまや無数に存在するが、このうちメールマガジン全盛期の2001年から続くものとして、慶應義塾大学の「SFC CLIP (6)」をあげておきたい。「SFC CLIP」は当初研究室のプロジェクトからスタートし、現在は運営サークルがウェブページとソーシャルメディアの更新をおこなっていて、大学の広報は運営に関わっていない。過去には、ネガティブなニュースで報道された同大学の教員について独自の立場で取材・報道をおこなうなど、一定の独立性を維持している。記事には、エディターやカメラマンの署名が入っている。

　映像制作の領域では、ドキュメンタリー映像を制作して、これをケーブルテレビで放映している中央大学松野良一研究室の番組『多摩探検隊 (7)』を紹介したい。『多摩探検隊』は東京・多摩地

教育　225

域をはじめとする各地のケーブルテレビで放送されている番組で、2004年にスタート、ゼミの学生が「企画、取材、撮影、編集、パッケージ化のすべて」をおこなっている。番組内容は、多摩地域の隠れた話題を掘り起こすというもので、番組で放送されたコンテンツは、「YouTube」でも公開されている。

　学生が制作したドキュメンタリー映像は、吹田市や関西大学などが主催する「地方の時代」映像祭や東京ビデオフェスティバル(TVF)など、各地の地方映像祭で高評価を得ているものも多い。「社会派」のドキュメンタリーも多く受賞している。ウェブ上で公開されている「「地方の時代」映像祭」やTVFの受賞作品[8]を見ると、上智大学、中央大学、法政大学、関西大学など首都圏・関西圏の大学からの作品が多いが、稚内北星学園大学、北星学園大学、敬和学園大学、広島経済大学などそれ以外の地域の大学からも受賞・入選作品が見られる。

　一方、ライブの動画配信でも、大学生が番組づくりに取り組んでいる事例がある。敬和学園大学では、本章担当の一戸のゼミ生によって、週に1度のライブ配信番組『Keiwa Lunch[9]』を2009年にスタートさせた。学生や教職員、地域の人々をゲストに迎える番組として、毎週の企画と配信はすべて学生がおこない、継続している。番組づくりを通じて番組配信に関わるさまざまなノウハウを学ぶとともに、大学のなかにある「ニュース」を理解し、内外に伝える手法を学ぶことになる。ただし、学内の話題を学生が取材するというのは「内輪ウケ」に陥る可能性もある。自分たちの大学を客観的に見て、どのように表現するかを考えることが重要になるだろう。

　また、『Keiwa Lunch』から派生して、地元新聞社の「新潟日報」とともに、『敬和×日報「Newsナビ」』という番組も配信した。この番組は、「新潟日報」で紹介された記事について、記者や論説編集委員に解説してもらうもので、新潟日報社本社ビルを

図2 大学の「Ustream」番組と新聞社で配信した「Ustream」配信番組『敬和×日報「News ナビ」』

会場に、こちらも司会や配信を学生がおこなった。新聞記事をベースに、新聞社と調整しながら番組を制作するため、さらに客観的な視点が必要になる。

　これら学生メディアの映像には学生自らが登場する。番組づくりでは、進行役の学生が顔を隠していては出演者の協力は得られにくく、番組としての信頼性にも影響が出る。出演することになる個人の考え方と折り合いをつけながら、いい番組のあり方を考えることになる。また取材協力者やゲストに出演依頼をする際にも、自分以外の第三者の肖像権などに配慮する必要に迫られ、また「出演したい」映像や番組になるよう努力することも求められる。

「学生発」ウェブメディアは、いまやすべての学生に開かれたといっていいが、同時に個人の情報発信との区別はあいまいだ。もちろん、単なる個人的なつぶやきではなく、ウェブメディアとして「伝えたいこと」や編集方針をもち、これに沿って情報発信を続けるのは、個人であれ団体であれ決して容易なことではない。こうした試みに関わった学生は、取材活動や番組を通じた人々との「つながり」から多くのことを学び、発信者として成長する機会を得ているように見える。読者のみなさんはどう考えるだろう

か。

　ソーシャルメディアでの「炎上」について、「なぜそんな不用意な発言をするのかわからない」という意見を聞くことがある。こうした意見は、「自分ならばもっと周到に発言する」という趣旨を含んでいる場合もあるが、ソーシャルメディアを利用したことがない人が、「そもそも発信する必要が理解できない」という趣旨で発言していることも多い。

　その一方では、「これから会う人の名前を検索してみる」という行動も定着しつつある。検索した結果、ソーシャルメディアに存在しない人は、「発信しない人」「つながりをもたない人」のように見られることになる。

　では、自分自身の検索（「エゴサーチ」と呼ばれる）の結果を、私たちはコントロールできるのだろうか。大学生が自らの存在を検索結果に適切に表示させるには、どうすればいいのだろうか。本章後半では、学生が「発信者」として活動している事例を見てきた。積極的に「発信者」になることによって、ネット上の自分の存在感や評判に、いい効果をもたらすことはできるだろうか。

考えてみよう

❶ あなたの大学に、ソーシャルメディアガイドラインやこれに相当するものがあったら、読んでみてほしい。実態に合わない内容がないかどうか、わかりやすい表現になっているか、検討してみてほしい。

❷ あなたの大学には、学生が主体的に発信するウェブメディアはあるだろうか。もしあれば、そこでは記事や映像などコンテンツの作り手はどのようなかたちで登場しているか。

❸ あなたの大学は、ソーシャルメディア上でどのような評判だろうか。各自調べてみて、飛び交っている情報の質や量について議論してみよう。

> 注

(1) 2014年6月にGaiaX社が学校法人向けに学生・生徒の「Twitter」に問題がある発言がないかを監視するサービス「セーフティプログラム for Twitter」を発表している。GaiaX「学生・生徒のツイートを見守る「セーフティプログラム for Twitter」を提供開始──大学・高校生の「Twitter」での炎上トラブル増に対応」(http://www.gaiax.co.jp/news/press/2014/0624/)

(2) 電通「電通総研「若者まるわかり調査2015」を実施」(http://www.dentsu.co.jp/news/release/2015/0420-004029.html)

(3) 2012年初頭の以下の記事では、採用企業の「Facebook」ページに学生がコメントを書き込むには相当な勇気が必要なはずで、少なくともこれに配慮すべきだと指摘している。藤代裕之「就活生を理解していない 間違いだらけの企業「ソー活」」「日本経済新聞」2012年1月5日付 (http://www.nikkei.com/article/DGXZZO37637230Y1A221C1000000/)

(4) 聖心女子大学「聖心女子大学におけるソーシャルメディア扱いのガイドライン」(https://www.u-sacred-heart.ac.jp/life/files/socialmedia.pdf)

(5) 明治学院大学「明学生が考えたSNSのための5つの合言葉──再考で最高のSNSライフに」(https://www.meijigakuin.ac.jp/campuslife/campuslife/sns/)

(6) 「SFC CLIP」(https://sfcclip.net/)

(7) 「多摩探検隊」(http://www.tamatan.tv/)

(8) 「「地方の時代」映像祭」(https://www.chihounojidai.jp/)、「作品視聴アーカイブ」「市民がつくるTVF」(http://tvf2010.org/archives.html)

(9) 「Keiwa Lunch」(https://ja-jp.facebook.com/keiwalunch/)

文献ガイド

下村健一
『10代からの情報キャッチボール入門──使えるメディア・リテラシー』
岩波書店、2015年

「10代」は、どのように情報を受け取って届けるべきなのか。送り手と受け手それぞれの立場に関して4つずつポイントを示して、平易な言葉で対処法を示している。

津田大介
『情報の呼吸法』(ideaink)、
朝日出版社、2012年

　ソーシャルメディア時代を代表するジャーナリストである著者が、情報の「吸い込み方と吐き出し方」を「呼吸法」というタイトルで解説している。

外岡秀俊
『情報のさばき方──新聞記者の実戦ヒント』(朝日新書)、
朝日新聞社、2006年

「ソーシャルメディア」という言葉が普及する黎明期に新聞記者が書いたテキスト。「つかむ＝収集」「よむ＝分析・加工」「伝える＝発信」の3つの側面から解説している。

第 15 章

人
「別の顔」を制度化する

山口 浩

> **概要**
>
> ソーシャルメディア社会が生み出した人々の「つながり」は、メリットとデメリットの両面をもつ。本章では、メリットを生かしながらデメリットを抑えるための仕組みとして「分人」という制度を考えてみる。人間の事業活動を活性化させた法人制度がやがて出資者の責任を制限する有限責任制度を導入したのと同様、ソーシャルメディアでの活動を「分人」として切り分け、責任の範囲を制限する。社会全体でリスクと責任を分担し、「つながり」自体を残しながら、そのデメリットを抑制しようというものである。

1 | 「つながり」のリスクとジレンマ

　これまで、ソーシャルメディア社会が生み出したさまざまな「つながり」について見てきた。いうまでもなくそれらは、人の幸福を目的としたものである。新たなつながりを作って強化して

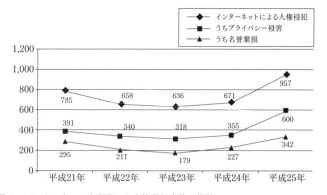

図1 インターネットを利用した人権侵犯事件の推移
(出典:法務省「平成25年における「人権侵犯事件」の状況について(概要)」
〔http://www.moj.go.jp/JINKEN/jinken03_00176.html〕)

いくことで、人は新たな知識や力を得たり、新たなアイデアを生み出したりすることができる。情報技術はそのための時間的・経済的・心理的コストを飛躍的に低下させた。これまで大資本の企業しかもてなかった技術が個人にも利用可能になり、個人の活動の幅が広がり、その影響力も増大しつつある。

しかし同時に、人々はより大きなリスクにもさらされることになった。オープンプライバシー(第2章「技術」を参照)の状況は、誰にとっても大きなリスク要因である。ネット上での活動によって、プライバシー漏洩や誹謗中傷を受けたりするケース、あるいは逆に他人の権利を侵害したりするケースなどが発生する。インターネットをめぐるトラブルの発生件数は高水準で推移している。

この問題では誰もが被害者にも加害者にもなりうる。特に有名人ではなくても、本人や周囲の人々が発する情報から特定され、プライバシーが暴かれて流布されたり、批判が殺到したりする。また、日常的なコミュニケーションのなかのふとした発言が広く拡散・共有されて問題化し、責任を負わされてしまう。

しかしこうした結果に対して、責任を問うことは難しい。インターネットは匿名ではなく、責任追及は必ずしも不可能ではないが、コストと時間を要するため、事実上困難な場合が少なくない。また、少数の人物の悪意ではなく、悪意がない多数の人々の行為による場合も多い。目についた情報を知人と共有しただけのつもりが「炎上」やプライバシー漏洩、デマ拡散などへの加担になってしまった場合などでは、当人たちの自覚はほとんどないだろう。

　こうした問題に対し、技術的な対策は必要であり、有効な場合も少なくない。権利侵害の恐れがある情報発信の前に警告を出すシステム、権利侵害になる情報を検索にかかりにくくする調整など、すでにおこなわれているもの、技術的にすぐにでも可能なものは数多くある。また、法規制などの制度的手段も必要・有益である。忘れられる権利など「つながり」を断つもの、逆に発信者情報の開示を求めやすくして「つながり」を強化するものなど、いくつかの方向性が考えられる。

　しかし、こうした手段を組み合わせても、被害者や加害者になるリスクそのものをなくすことは難しい。制度や技術の制約という面もあるが、むしろ重要なのは、これがしばしば権利同士の衝突であり、何が正しいかを決めること自体が難しいという点である。何かを知りたい、伝えたいという権利が、それを知られたくない、伝えてほしくないという権利と衝突するとき、どちらをどの程度優先すべきかは必ずしも自明ではない。権利同士が衝突するなかでは、どのような技術や制度でも全員が納得できる答えは得られない。高度な技術があってもそれを使いこなすには知識が必要である。教育の必要性はいうまでもないが、それだけに依存できるほど確実なものではない。

　いや応なく増大するリスクは、ネット上の活動を萎縮させる。「つながり」が必然的に生む摩擦の発生自体は避けられないという前提で、個人を守る手立ても必要である。そのために、ここで

は「分人」というコンセプトを提示する。この考え方を制度や仕組みとして社会に実装することで、「つながり」のメリットを生かしながらデメリットを抑えることが可能ではないかと考える。

2 | 「分人」による有限責任制

　分人（dividuals）は、「個人（individuals）」との対比から作られた造語である。「individuals」がこれ以上分けられないものという意味をもつのとは逆に、「dividuals」は、1人の人間が複数の「分人」に分かれると考えるのである。この考え自体は独自でも最新でもない。平野啓一郎は、「唯一の本当の自分」などなく、人は多様な「分人」を状況に応じて無意識に使い分けている(1)、と主張した。それらはすべて「本当の自分」であり、「自分」は他者との相互作用のなかにしかなく、したがってその他者とは不可分だとする。この、「自分」が他者との相互作用のなかにあるとする考え方は、浜口恵俊が主張した「間人主義(2)」のような、戦後の日本人論で広く見られた人間観である。

　若年層のソーシャルメディアユーザーで顕著な、「複数アカウントでキャラを使い分ける」（第14章「教育」を参照）やり方は、分人の考え方がソーシャルメディアの使い分けで実践された事例といえる。ここで使い分けられる「キャラ」は必ずしも性格や人付き合いのスタイルだけを意味するとはかぎらない。有能な弁護士が料理の達人であったり、あるいは仕事では厳しい上司が家庭では子煩悩な親であったりするなど、人はさまざまな能力や側面をもっていて、場合によってキャラを使い分けることで、それらをより有効に発揮できる。ソーシャルメディアでも同様に、アカウントを使い分けることで、人がもつさまざまな側面をよりスムーズに活用して社会と関わっていくことが可能になる。

鈴木健は、「分人」の考え方を応用した選挙システムを提案している。1人がもつ1票の選挙権を分割し、それぞれを政治家以外を含む複数の他者に託すことで投票権を順次委任していくネットワークを作り、最終的に各候補者が得た委任の合計で議席決定などをおこなう「伝播投票委任システム」である。「Google」が検索エンジンに使った「ページランク」と同じように、各候補者がどれだけの「委任」を受けたのかを、委任のネットワークを分析して求める。

　本章の「分人」がベースとしているのは、現代社会での経済活動の中心である株式会社など法人制度の考え方である。株式会社制度は、出資者であり会社のオーナーである株主に対して有限責任、すなわちその出資の額以上の責任を問われないことを認めている。これと同じように、個人のソーシャルメディア上の活動、あるいはソーシャルメディアアカウントなどを分人として本人から切り離し、分人が負った責任を本人に一定以上は負わせないという一種の有限責任制を認めてはどうか、という考え方である。

　法人制度は集団に個々の成員と切り離されたアイデンティティーを与え、集団の名義で財産を所有したり取り引きをおこなったりする法的主体性を認めることで、事業活動の安定性や永続性というメリットをもたらした。近世に登場した株式会社は、出資者から多額の資金を調達することを可能にしたが、近代に入り、産業革命によって経済活動がさらに活発化するとリスクも増大してくる。そうしたなかで、それ以前は特別な許可を要した有限責任制を幅広く認める法改正が19世紀イギリスでおこなわれ、これが世界に広まったのである。

　有限責任制は、企業が事業遂行で失敗した場合に出資者が負う損失負担を制限する。事業が成功した場合の配当収入の可能性を残しながら、損失のリスクをその出資額の範囲内に抑えたことで、リスクは高いが見返りも大きい事業への出資者が増え、結果とし

て、その後の急速な経済発展の下支えとなった。

　それと同様に、ソーシャルメディアを利用することのリスクが高まりつつある現在、ソーシャルメディアでの活動を分人として切り離し、そのリスクを本人に及ばないようにすることで、ソーシャルメディアがより安全に利用できる場になるのではないか。それが、かつて法人制度の整備が経済活動の発展をもたらしたのと同じように、情報の流れをよりよくし、社会の大きな発展をもたらすきっかけになりうるのではないか。これが、「分人」を制度化すべきという本章での主張の基本的発想である。

　有限責任制を採用するため、分人を新種の法人として法制化する。その「住所」はネット上とし、会社と同じように、アカウント名で資産保有、契約締結、税務申告などを可能にすれば、実質的に本人から切り離せる。もちろん、責任の範囲を制限すれば一種のモラルハザード(3)が発生し、無責任な利用者が増える懸念はある。有限責任であることを悪用し、他人の名誉を傷つけながらその責任から逃れるのではないかという懸念である。

　株式会社の歴史でも同様の議論があった。「神の見えざる手」で有名な経済学者アダム・スミスは、株式会社の有限責任制に対しては強硬に反対した。19世紀のイギリスで、株式会社に広範な有限責任制を採用する法改正をおこなった際にも、根強い反対論があった。確かに、一部では有限責任制が悪用され、無責任にリスクが高い事業展開をおこなったりするケースはあったため、決して的外れな批判ではない。

　しかしそうした弊害は、メリットを打ち消すほど大きなものにはならなかった。会社の行動を抑制するさまざまな規制、監査などを通じて会社経営の健全性をチェックする仕組み、株主や銀行、あるいは消費者団体や地域住民、ひいては社会全体による経営の監視など、会社を無責任な経営に走らせないようなさまざまな仕組みが同時に発達していったからである。有限責任の分人制度を

考えるのであれば、同様の配慮が必要だろう。

　また、加害者が分人であれば、被害者が損害賠償の請求などをおこないやすくなるという側面もある。ソーシャルメディア上のつながりは知人・友人関係であることが多く、被害を受けても賠償請求などをおこないにくい状況は少なからず存在する。トラブルとして表面化するのは一部であり、その裏にトラブル寸前の状況がはるかに多く存在するだろう。そうした場合に被害者がいわば泣き寝入りとなる一つの理由が、加害者との「直接対決」によって人間関係に傷がつくのを恐れるためだとすれば、加害者が負うべき賠償責任を分人によって本人から切り離し、後述のように保険で対応することで、被害者がより気軽に被害への救済を求めうるようになる。

　分人の考え方は加害者側を守るだけではない。ソーシャルメディアでは誰もが加害者と被害者のどちらにもなりうるリスクにさらされていて、そのどちらか一方だけを心配していればいいわけではない。ソーシャルメディア上でユーザーが複数のアカウントをもち、実名は明かさず匿名の状態でソーシャルメディアに参加することは、オンライン上で何かの被害を受けた場合、それが本人に波及するのを防ぐ効果をもつことがある。

　もちろん、インターネットは匿名ではないため分人の利用で本人と完全に切り離せるわけではないが、情報を管理していれば、それほど容易に個人が特定できるわけでもない。分人の利用は、被害者になるリスクの少なくとも一部から身を守ることにつながる。それはつながりすぎた私たちのソーシャルネットワークのなかに、事実上の匿名で行動できる「アジール」（第8章「都市」を参照）を作り出す手法の一つと考えることもできる。

3 | 分人制度の実装

　では、実際にはどのような分人制度を考えればいいだろうか。ポイントになるのは、リスクと責任の分担である。下の図2 (a) は、現在のソーシャルメディアの状況を示したものである。すべてのユーザーが潜在的に加害者あるいは被害者になりうる状況下で、誰もが加害者として賠償請求を受けるリスク、被害者として自らの権利が侵害されるリスクの双方にさらされている。いずれのリスクもユーザーの活動を萎縮させる。

　これに対し、図2 (b) では、それぞれのユーザーは有限責任の分人としてソーシャルメディアに参加していて、実名は、インターネットやソーシャルメディアの事業者には明かされているが、外部には明かされていない。この状況で、例えば一方のユーザーがもう一方のユーザーの名誉を毀損したとしても、被害者側が分人であれば、その分人から別の分人に乗り換えるなどの方法で損害を抑えられるかもしれない。匿名のアカウントの実名をみだりに公開すること自体を違法とする法整備をあわせておこなうことも考えられるだろう。

　加害者になった側も、有限責任制によって、責任の範囲を制限される。その分リスクが被害者側に移転することになるが、被害者側がそうした際の損害を担保する保険を契約しておけば、移転されたリスクをカバーすることもできるだろう。また加害者側も、有限責任とはいえ完全にリスクがなくなるわけではないので、責任が発生した場合に備えて保険を契約しておくことで、さらにリスクを減らすことができる。

　このように、リスクを遮断する有限責任制と、リスクを移転する保険の組み合わせは、人間の活動に伴って必然的に発生するリスクと責任を社会全体で分担する仕組みと見ることができる。こ

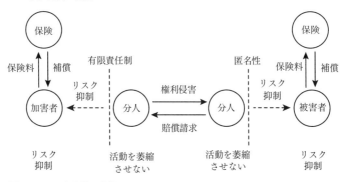

図2 リスクと責任の分担

のとき、誰がどのようにリスクと責任を分担するかには、さまざまな決め方がありうる。

　株式会社制度では、企業側は有限責任制によってリスクの一部から免れるが、そのリスクは社会の側に移転されている。失火責任法では、木造家屋が多くてひとたび火事が起きれば巨額の損害が発生したかつての日本の住宅事情から、火事を出してしまった人が延焼の被害者に対して負う賠償責任は原則的に免除する旨を定めていて、加害者の責任はさらに軽い。その分リスクは被害者側に移転されるが、火災保険が広範に普及していて、被害者の自助に頼ることになる。逆に、自動車損害賠償保障法では、自動車運転によって他人の生命や身体を害した者に対して原則的にほぼ無過失で賠償責任を課している。運転者（加害者）側の責任が重

人　239

くなっているが、あわせて保有者 (4) に自賠責保険を義務づけ、加害者の賠償能力が一定程度保障される仕組みを作っている。火災の場合とは逆に、被害者救済の責任を加害者に重く負わせているのである。

　現在のソーシャルメディアの状況は、自分の身は自分で守れと突き放す、一種のマッチョイズムといえる。しかし、ソーシャルメディアはすでに広範に普及し、そのなかには子どもを含む、十分な知識をもたない者が数多く含まれている。そしてその誰もが加害者にも被害者にもなりうるうえ、いったんトラブルが起きれば深刻な被害を受けたり重大な賠償責任を負ったりするのである。こうした状況で求められるのは、誰かにリスクと責任を重く負わせるより、社会のなかで広く分担すること、そして活動を萎縮させることなく、よりいい行動へとユーザーを自然に導く仕組みを作ることだろう。有限責任の分人と保険の組み合わせは、その要請に応えるものだと考える。

4 | 事業者の責任

　しかし、このような制度を実際に作って運用していくためには、相応のコストがかかる。それを誰がどのように負担するか、あるいは負担できる水準のコストに抑えるかを考えておかなければ、誰もがそうした仕組みの恩恵にあずかれるような状況を作り出すことはできない。上記のような有限責任の分人は、会社法人として、現在の制度のもとでも、作ろうと思えば作ることができる。しかし、そのためのコストは、本格的な事業を展開するのでなければ正当化できないほど大きく、一般人がソーシャルメディアでの活動に際して気軽に利用できるようなものではない。コストや手続きなどを大幅に見直し、使いやすいものにする必要がある。

保険も、現在日本で販売されている個人賠償責任保険は名誉棄損やプライバシー侵害などのリスクを除外していて、ネット時代に対応しているとはいえない。新たな保険が必要になるが、その際、ネットサービスの事業者の関与を求めるのが有効と思われる。保険制度を成立させるためには、モラルハザード、すなわち、保険で守られているためにハイリスクな行動をとることを防ぐ手立てが必要である。例えば自動車保険では、事故歴による保険料の等級制度を導入し、事故を頻繁に起こす契約者は保険料が上がる仕組みになっている。これと同じように、ソーシャルメディアでの活動でリスクが高い、すなわち加害者もしくは被害者になる恐れが大きいユーザーについては保険料を引き上げるような制度によって、ユーザーをより安全な行動へと導いていくことが望ましい。このためにはユーザーのネット上での行動に関するデータが必要であり、したがってネット事業者の関与が求められるだろう。

　平野の「分人」や浜口の「間人」は、人のパーソナリティーが、置かれた状況や接する相手によって異なることを指摘していた。インターネットやソーシャルメディアを通じたコミュニケーションでも、相手だけでなく、用いるソーシャルメディアによって、そこでの振る舞いは異なる。「2ちゃんねる」のように匿名性が高いソーシャルメディアでは粗暴な言動をしたり、「LINE」など閉鎖的なネットワークを形成するソーシャルメディアでは他人の中傷が増えたり、「Twitter」など情報の共有が容易なソーシャルメディアではうわさやデマの拡散をしたり、といった具合である。

　すなわち、コンピューターを通じたコミュニケーションでは誰もが分人なのであり、その分人はコミュニケーションの相手だけでなく、そのコミュニケーションのプラットフォームであるソーシャルメディアなどのアーキテクチャの影響を受けて形成される。その意味で、ソーシャルメディア上でのユーザーの行動の少なく

とも一部は当該ソーシャルメディアの運営者にも責任がある。ユーザーの行動に伴って生じるリスクに対処するための仕組みを整備する責任の一端は事業者が負うべきだろう (5)。

5 │ 分人制度が目指すもの

　本章の分人制度は、権利と義務、リターンとリスクのトレードオフを成立させること、リスクと責任の分担をよりフェアにすることを意図する。有限責任制は情報発信者の責任を一部免除するが、それは無責任な情報発信を増やすことではなく、保険システムを通じてよりスムーズに被害者への補償がなされることを前提とする。そのコストを、保険を通じて全ユーザーに負担可能な水準で負わせることで、より安全な行動への変化を促そうというのである。

　実際には、分人とその裏にいる本人を切り離して考えることはなかなか難しいだろう。これまで両者を同一視する考え方に慣れきっているからである。株式会社制度でも、特に規模が小さなオーナー企業では、企業とその経営者は一体として考えられがちであり、例えばその企業が破産したときなど、経営者が有限責任を主張することを快く思わない傾向があることを考えれば、むしろ自然でもある。

　しかし、現在の状態が望ましいものとはいえないことは明らかであり、また今後技術が発達すれば解決するという予想も立ちにくいなかで、本章の提案は一考に値するものと考える。法律など、制度を社会が向かうべき方向性として示すことで、人々の考え方自体も徐々に変わっていくのではないか。その意義は決して小さいものではない。

　ソーシャルメディアがもたらす「つながり」のメリットを生か

しながらデメリットを抑えていくためには、「誰が悪者か」といった単純な二元論ではなく、「どうすれば状況が改善するか」という現実的な視点から、多様な手法やツールを組み合わせていく必要がある。有限責任法人としての分人という本章の主張も、保険制度を含むほかのさまざまな方策と組み合わせてはじめて、効果を発揮するだろう。

考えてみよう

❶ 複数のソーシャルメディアを使っていたり、同じソーシャルメディアでもアカウントを使い分けたりしているだろうか。もしそうなら、ソーシャルメディアによって、あるいはアカウントによって、「自分」はどのように違うだろうか。違っている理由は何だろうか。

❷ 失火責任法と自動車損害賠償責任法の規定を見比べてみよう。どこがどのように違っているだろうか。その違いはなぜ生じたのだろうか。それぞれの法律を保険やその他の制度、仕組みがどのように支えているか、調べてみよう。

❸ 本章にあるような分人の制度が実現したら利用したいだろうか。あるいは利用したくないだろうか。その理由は何だろうか。ソーシャルメディアで自分の権利を侵害されたり、他人の権利を侵害してしまったりするリスクに対して、ほかにはどのような対策が考えられるだろうか。

注

(1) 平野啓一郎『私とは何か──「個人」から「分人」へ』(講談社現代新書)、講談社、2012年
(2) 浜口恵俊『間人主義の社会日本』(東経選書)、東洋経済新報社、1982年

(3) ここでは、リスクから守られた者がリスクの高い行動をとるようになることを指す。
(4) 正確には「運行供用者」。「自己のために自動車を運行の用に供する者」と定められ、保有者はこれに含まれる。
(5) 事業者にとってもそれはむしろ新たな事業機会になるだろう。

[補記] 本章は、2015年度（平成27年度）駒澤大学特別研究助成金による研究成果である。

文献ガイド

平野啓一郎
『私とは何か――「個人」から「分人」へ』（講談社現代新書）、
講談社、2012年

著者による「分人」の発想を詳しく説明している。思い入れが垣間見える文章はやや冗長で好みが分かれるだろうが、「自分はどう思うか？」を考えるきっかけになる。

浜口恵俊
『間人主義の社会日本』（東経選書）、
東洋経済新報社、1982年

日本人や日本社会の「特殊性」を論じるのは日本人の「大好物」だが、自我の弱さを「間人」という概念で説明したのが本書。古い本だが、日本人に限定せず、人間一般に当てはまる傾向として読むと面白い。

鈴木健
『なめらかな社会とその敵――PICSY・分人民主主義・構成的社会契約論』
勁草書房、2013年

著者による社会システムの再設計構想を示した本。大半の読者にとって「難しすぎて何を言っているのかよくわからない本」だろうが、分人の仕組みがシステムとして実装されうることを示したくだりだけでも読んでみるといい。

あとがき

一戸信哉

　2015年に出版した本書の初版は、ソーシャルメディアの歴史や技術、課題を学び、「ソーシャルメディア社会」を生きるためのリテラシーを身につけることを目的として執筆しました。4年の時を経ても、「ソーシャルメディア」という言葉は広く使われていて、そればかりか、これに関する大学の授業も多く開講されるようになっています。その結果、いくつもの大学で授業のテキストとして本書を採用していただいたのは、望外の喜びでした。

　初版が提示した論点の多くは、2019年のいまも変わることなく、むしろ一般社会でも広く認識が共有されてきました。例えば、「フェイクニュース」という言葉が一般化し、世論操作にも広く使われる状況や社会の分断などは、ここ4年間でさらに注目を浴びるようになりました。個人情報保護法が改正され、18年に日本企業にも大きな影響があるEUの一般データ保護規則が適用になったことで、ソーシャルメディアでの行動履歴を含めて、パーソナルデータを企業が適法に利用するあり方についても関心が高まっています。

　この改訂版では、一部の執筆者を変更し、章のタイトルも「権利」を「コンテンツ」、「メディア」を「地域」に変更しました。内容はいずれも初版で扱ったものをベースにしていますが、テキスト全体のバランス、授業で扱いやすいトピックへのシフトなど

を考慮しています。そのほかの章についても、大学の講義で利用していただいている研究者からのフィードバックを取り入れて、それぞれ内容をアップデートしながら、項目の変更もおこなっています。

　本書を手に取っていただいたみなさんが、各章の問題提起を受け止め、議論して、今後も揺るがないメディア・リテラシーを身につけていってほしいと願っています。

2019年1月　　　　　　　　　　　　　　　執筆者を代表して

著書に『情報社会と共同規制』(勁草書房)、共著に『デジタルコンテンツ法制』(朝日新聞出版)など

五十嵐悠紀（いがらし・ゆき）
1982年、大阪府生まれ
お茶の水女子大学理学部准教授
専攻は情報科学
著書に『縫うコンピュータグラフィックス』(オーム社)、『スマホに振り回される子　スマホを使いこなす子』(ジアース教育新社)、『AI世代のデジタル教育』(河出書房新社)、共著に『Computer Graphics Gems JP シリーズ』(ボーンデジタル)

専攻は情報政策、広報
論文に「デモと選挙の間」(「法律時報」2016年5月号)、共著に『AIと憲法』(日本経済新聞出版社)、『ロボット・AIと法』(有斐閣)、共訳にウゴ・パガロ『ロボット法』(勁草書房)など

小笠原 伸(おがさわら・しん)
1971年、北海道生まれ
白鷗大学経営学部教授
専攻は都市論、地域デザイン
論文に「ソーシャルメディア活用から発する知の空間創出」(「白鷗ビジネスレビュー」第23巻第1号)など

松本 淳(まつもと・あつし)
1973年、大阪府生まれ
ジャーナリスト、コンテンツプロデューサー、敬和学園大学国際文化学科准教授
専攻はコンテンツ産業論、メディア・コミュニケーション論
著書に『コンテンツビジネス・デジタルシフト』(NTT出版)、『生き残るメディア 死ぬメディア』(アスキー・メディアワークス)、共編著に『コンテンツが拓く地域の可能性』(同文館出版)など

小林啓倫(こばやし・あきひと)
1973年、東京都生まれ
ITジャーナリスト
専攻は国際関係論、地域研究
著書に『ドローン・ビジネスの衝撃』(朝日新聞出版)、『今こそ読みたいマクルーハン』(マイナビ)、『災害とソーシャルメディア』(毎日コミュニケーションズ)など

田中輝美(たなか・てるみ)
1976年、島根県生まれ
ローカルジャーナリスト、島根県立大学地域政策学部准教授
専攻は地域社会学
著書に『関係人口の社会学』(大阪大学出版会)、共編著に『地域ではたらく「風の人」という新しい選択』(ハーベスト出版)、『みんなでつくる中国山地』(中国山地編集舎)など

生貝直人(いけがい・なおと)
1982年、埼玉県生まれ
一橋大学大学院法学研究科准教授
専攻は情報政策、文化芸術政策

［著者略歴］
木村昭悟（きむら・あきさと）
1975年、京都府生まれ
日本電信電話（株）コミュニケーション科学基礎研究所 メディア認識研究グループ グループリーダー（主幹研究員）
専攻はパターン認識、データマイニング、機械学習
共訳書に『統計的学習の基礎』（共立出版）

一戸信哉（いちのへ・しんや）
1971年、青森県生まれ
敬和学園大学人文学部国際文化学科教授
専攻は情報法、情報メディア論
共著に『通信・放送の融合』（日本評論社）、『情報メディア論』（八千代出版）など

三日月儀雄（みかづき・よしお）
1982年、大分県生まれ
日本テレビ報道局デジタル戦略部
中日新聞記者、ヤフー株式会社でヤフー・ニュース編集部リーダー、「Yahoo! ニュース 特集」編集長を経て、2020年3月より現職

山口 浩（やまぐち・ひろし）
1963年、東京都生まれ
駒澤大学グローバル・メディア・スタディーズ学部学部長・教授
専攻は経営学、メディア・コンテンツビジネス
著書に『リスクの正体！』（バジリコ）、共著に『景品・表示の法実務』（三協法規出版）、『コンテンツ学』（世界思想社）など

西田亮介（にしだ・りょうすけ）
1983年、京都府生まれ
東京工業大学リベラルアーツ研究教育院准教授
専攻は情報社会論と公共政策
著書に『ネット選挙』（東洋経済新報社）、『ネット選挙とデジタル・デモクラシー』（NHK出版）、『メディアと自民党』（KADOKAWA）、『なぜ政治はわかりにくいのか』（春秋社）など

工藤郁子（くどう・ふみこ）
1985年、東京都生まれ
マカイラ株式会社コンサルタント／上席研究員、総務省情報通信政策研究所特別フェロー、中京大学経済学部付属経済研究所研究員

［編著者略歴］
藤代裕之（ふじしろ・ひろゆき）
1973年、徳島県生まれ
ジャーナリスト、法政大学社会学部教授
専攻はソーシャルメディア論、ジャーナリズム論
著書に『ネットメディア覇権戦争』（光文社）、編著に『フェイクニュースの生態系』（青弓社）、共編著に『アフターソーシャルメディア』（日経BP）、『地域ではたらく「風の人」という新しい選択』（ハーベスト出版）など

ソーシャルメディア論・改訂版　つながりを再設計する

発行─── 2019年2月27日　第1刷
　　　　　2022年4月27日　第3刷

定価─── 1800円＋税

編著者── 藤代裕之

発行者── 矢野恵二

発行所── 株式会社青弓社
　　　　　〒162-0801 東京都新宿区山吹町337
　　　　　電話 03-3268-0381（代）
　　　　　http://www.seikyusha.co.jp

印刷所── 三松堂
製本所── 三松堂
©2019
ISBN978-4-7872-3449-0　C0036

松橋崇史／高岡敦史／笹生心太 ほか
スポーツまちづくりの教科書

スポーツによる地域活性化はどう進めればいいのか。全国のスポーツまちづくりの事例を紹介して、ありがちな失敗を乗り越え、状況を改善する視点やポイントをレクチャーする。　定価2000円＋税

岡本 真
未来の図書館、はじめます

図書館計画の読み方をはじめとした準備、図書館整備と地方自治体が抱える課題や論点、図書館整備の手法、スケジュールの目安など、勘どころを丁寧に紹介する実践の書。　定価1800円＋税

大内斎之
臨時災害放送局というメディア

大きな災害時に、正確な情報を発信するラジオ局＝臨時災害放送局。東日本大震災後に作られた各局をフィールドワークして、メディアとしての可能性や今後の課題などを検証する。　定価3000円＋税

柴田邦臣／吉田仁美／井上滋樹 ほか
字幕とメディアの新展開
多様な人々を包摂する福祉社会と共生のリテラシー

映像の字幕は、合理的な配慮という側面からは福祉の分野で、コミュニケーションという側面からはメディアの分野で注目を浴びている。字幕がもつ福祉的・社会的な意義を提言する。定価2000円＋税